新 型
电力系统下的
配电数字化技术及应用

XINXING DIANLI XITONG XIA DE
PEIDIAN SHUZIHUA JISHU JI YINGYONG

国网浙江省电力有限公司　编著

企业管理出版社
ENTERPRISE MANAGEMENT PUBLISHING HOUSE

图书在版编目（CIP）数据

新型电力系统下的配电数字化技术及应用 / 国网浙江省电力有限公司编著. -- 北京：企业管理出版社，2024.12

ISBN 978-7-5164-2952-5

Ⅰ. ①新… Ⅱ. ①国… Ⅲ. ①数字技术－应用－配电系统 Ⅳ. ①TM727-39

中国国家版本馆CIP数据核字(2023)第186350号

书　　名：	新型电力系统下的配电数字化技术及应用
书　　号：	ISBN 978-7-5164-2952-5
作　　者：	国网浙江省电力有限公司
策　　划：	蒋舒娟
责任编辑：	刘玉双
出版发行：	企业管理出版社
经　　销：	新华书店
地　　址：	北京市海淀区紫竹院南路17号　邮　编：100048
网　　址：	http://www.emph.cn　　电子信箱：654552728@qq.com
电　　话：	编辑部（010）68701661　发行部（010）68701816
印　　刷：	北京亿友数字印刷有限公司
版　　次：	2024年12月第1版
印　　次：	2024年12月第1次印刷
开　　本：	700毫米×1000毫米　1/16
印　　张：	14.5
字　　数：	214千字
定　　价：	88.00元

版权所有　翻印必究　·　印装有误　负责调换

编委会

主　编：苏毅方　闵　洁
副主编：吴栋其　秦　政
编　委：王　凯　郑贤舜　张蔡洧　张鲲鹏
　　　　童　力　俞　威　王大健　王信佳
　　　　孙　歆　张绮华　孙冉冉　陶纪名
　　　　吴子杰　程杰慧　李珺逸　潘时恒
　　　　施政远　吕　磅　李海龙　林恺丰
　　　　刘文灿　潘一帆　章建斌　杨昶宇
　　　　陈磊磊　丁　律　金晔炜　刘方洲
　　　　刘　帅　陆　洋　苗佳麒　倪　震
　　　　宋晓阳　翁　迪　邬凌云　吴昊铮
　　　　肖禧超　喻湄霁

序 言
PREFACE

在能源转型加速推进的当下,新型电力系统建设方兴未艾。本书紧扣时代脉搏,全面深入阐述了新型电力系统下配电数字化的各个关键方面。概述部分构建了清晰的知识框架,使读者形成对配电数字化的初步认知。在介绍配电自动化主站数字化建设的章节中,有关业务中台技术、同源维护套件技术、配网一张图等的内容,展现了先进技术在主站建设中的重要作用;对不同区域主站贯通技术的探讨为实现高效协同的配电自动化提供了切实可行的方案。中压侧终端全寿命周期管理以及馈线自动化技术,为中压配电的稳定运行提供了有力保障。低压台区智能融合终端技术、配电物联网向下延伸技术、电力汽车有序充电及 V2G 技术等,不仅适应了现代社会对电力多元化的需求,也为未来能源发展趋势提供新思路。介绍分布式电源接入及调控技术的章节,深入分析了分布式电源的现状,并对光伏发电、储能电源及其他分布式发电的接入与调控进行了详细阐述,这对于各省配网充分利用可再生能源、实现能源的可持续发展具有很好借鉴价值。通信技术和加密技术及安全防护也是本书重点介绍的内容,非对称加密技术、量子对称加密技术以及零信任技术等,确保了数据在配电系统中的安全高效传输,为配电数字化系统的安全稳定运行筑起了坚固的堡垒。书中还通过新型电力系统下的配网数字化建设实例，让我们看到这些先进技术在实际应用中的卓越成效，并提供了具体经验。本书对配电数字化发展前景进行了深入探讨，大数据综合研判、配网线路行波故障定位技术以及智能分布式馈线自动化技术让我们对未来配电数字化发展充满期待。

综上所述，本书提供了丰富的配电数字化专业知识和实用技术指导，对于配网数字化转型建设具有很好的参考价值。

目　录
CONTENTS

第一章　概述 1

第二章　配电自动化主站的数字化建设 4
　　一、业务中台技术 4
　　二、同源维护套件技术 13
　　三、配网一张图 15
　　四、Ⅰ区主站技术管理与提升 20
　　五、Ⅳ区主站技术管理与提升 41
　　六、Ⅰ区与Ⅳ区主站贯通技术提升 61

第三章　中压侧终端的配网数字化建设 71
　　一、Ⅰ区终端的技术管理与提升 71
　　二、Ⅳ区终端的技术管理与提升 87
　　三、中压侧终端的全寿命周期管理 90
　　四、馈线自动化技术 98

第四章　低压侧终端的配网数字化建设 104
　　一、台区智能融合终端技术 104
　　二、配电物联网向下延伸技术 118
　　三、电动汽车有序充电及 V2G 技术 125

四、无功管理技术 130
　　五、台区互联互济技术 133
　　六、站房环境监测 136

第五章　分布式电源接入及调控技术 143
　　一、分布式电源现状 143
　　二、光伏发电接入及调控技术 145
　　三、储能电源接入及调控技术 149
　　四、其他分布式发电接入及调控技术 150

第六章　配网数字化的通信技术 152
　　一、中压侧通信技术 152
　　二、低压侧通信技术 160

第七章　配网数字化的加密技术及安全防护 167
　　一、数据加密技术概述 167
　　二、非对称加密技术 169
　　三、对称加密技术——量子加密技术 173
　　四、零信任技术 177
　　五、安全防护 181

第八章　新型电力系统下的配网数字化建设实例 188
　　一、源网荷储一体化现代智慧配电网示范区 188
　　二、数字化驱动高弹性配电网示范区 193
　　三、亚运保供电示范区 203

第九章　发展与展望 211
　　一、大数据应用——数据分析预防电缆潜伏性故障 211
　　二、配网线路行波故障定位技术发展前景 219
　　三、智能分布式馈线自动化技术发展前景 222

第一章　概述

随着新型电力系统的发展，配电网物理形态发生了深刻变化，目前的配电自动化系统越来越难以满足新形势的发展要求。这主要表现在技术支撑手段尚不足以满足业务需求，系统标准化和信息交互的一致性有待细化，基础应用功能实用化水平需要提高，配电网应用分析软件适应性不强，系统对大容量分布式新能源的接入能力需要提升，缺乏服务化接口应用难以解耦等。随着国家新能源政策的实施，分布式电源、微网、电动汽车接入配电网越来越多，对配电网短路电流、继电保护、电压控制、负荷分配等功能提出了更高的要求。

现有配电自动化系统主要针对传统的单向能量流的模式设计，而对大量分布式电源接入后双向能量流的模式支撑不足，需要加快配电数字化平台的研究与开发，加快推进配网透明化建设，突出提升保民生供电能力和新型电力系统支撑能力，助力"双碳"战略目标落实落地。国网设备配电〔2022〕131 号文《国网设备部关于印发配电自动化实用化提升工作方案的通知》的发布，进一步巩固配电自动化建设成效，提升配电自动化实用化水平，更好地支撑配电网运行监测、运维检修、故障处置，提高配电网精益化运维和数字化管控能力，保障能源清洁低碳转型和电力安全可靠供应，为配电产业发展提供了新的方向和机遇。

海量分布式新能源和多元负荷接入后，配电网发展呈现高比例分布式新能源、电力电子设备规模化接入和交直流互联的新特征，亟待运用数字化手段，保障源网荷储智能互动需求，但目前配电网数字化转型仍有诸多难点需要研究攻关：配电网自动化实用化水平有待提升，自动化终端布点需要优化，数据采集能力不足，信息物理平台需要迭代升级，尚未实现配电网"可观测"，难以支撑数据的实时交互、电网故障的精准控制、电力设备的高效调节；配电网数字模型需要完善，尚未实现新主体"可描述"，对微能源网、虚拟电厂等缺乏仿真分析能力，制约了新型用电负荷互动；数字化应用场景有待拓展，尚未实现各类要素"可调控"，需要进一步探索适用于主配微协同的调度运行体系、各类新业务的技术管理支撑体系。

在数字化可调可控上取得突破，进一步赋能配网智慧高效发展。数字电网是配电网的"神经网络"，是促进主配微协同、源网荷储互动的重要支撑。通过加强配电网信息物理系统研究，融合调度自动化、配电自动化和新型负荷管理等系统，打造源网荷储协同控制平台。构建智慧感知体系，优化配电终端布点，通过"最小化采集"和"数字系统计算推演"，实现配电网透明感知。深化多种通信技术融合应用，形成配电网智慧通信与智慧物联网络。搭建全网统一设备模型，依托企业级实时量测中心，实现跨专业信息同源共享，着力推动配电网运行、业务管理从传统的人工决策向智能感知、数字驱动的精准决策转变。

通过数字化来支撑新型配电业务，数字化层面应具备云原生、数模原生、多业务融合等数字原生的特征。由于天然的多业务融合、多流程贯通需求，新型配电数字化从设计之初就需要摆脱传统企业信息化思维，基于"管、云、边、端"的数字化架构，既需要保证云安全，又需要实现开放式接入、海量信息交互、管理控制一体化、多业务模块融合等。云原生不是把本地的自动化系统或信息系统搬到云端，这是"假云化"，而是从系统设计开始就具备云化架构的特征。应一开始就考虑"一次录入、全局使用",并在模型设计优化的前提下实现数模原生,避免"数据同源"的弊端,杜绝先有数据,再进行同源维护的问题。统一数模不仅覆盖供电服务,还就综合能源业务同步建模,比如在设备对象模型中,应考虑公用配电设备、用户配电设备、用户能源设备、各类负荷设备的统一运维需求,实现基于统一数据模型和数据源的多业务数字化融合与相互协调,做到专业融合、流程贯通、综合研判、统一调度。

第二章 配电自动化主站的数字化建设

一、业务中台技术

(一)电网资源业务中台建设背景及意义

2018年年底,从国家电网有限公司(以下简称"国网公司")多年信息化建设的成果来看,全面覆盖企业经营、电网运行和客户服务等业务领域的各层级系统应用已经建成,但在"电网一张图"及电网资源共享方面仍存在一些突出问题:一是缺乏统一的电网描述标准,各专业在"电网一张网"的应用需求、模型范围及建模方法等方面存在差异,导致跨专业共享与应用不畅;二是系统建设仍是部门级,多源维护、穿墙打洞导致的"乱麻模式"日益凸显,"电网一张图"的构建、维护与管理存在不贯通、不一致、不及时与费时费力等弊端;三是以系统用户为导向的理念仍需加强,面向一线基层人员定制化、差异化、移动化需求的"电网一张图"应用支撑不足,导致工作效率低、体验差等问题。因此,建设标准统一、维护应用便捷的电网资源业务中台迫在眉睫。

2019年4月12日,国网公司互联网部发布《国家电网有限公司2019年企业中台建设方案》,明确了企业中台建设的必要性、思路、目标和原则,并提出了企业中台建设的总体架构，部署了 2019 年的重点工作任务，把电网资源业务中台建设作为 2019 年三大类重点建设任务之一。

4 月 30 日，公司设备部以公司企业中台为核心，围绕"两系统一平台"建设的基本现状，先后在南京、北京开展了系统全面的配电侧数据规划。

5 月 15 日，公司设备部在北京组织了电网资源业务中台第一次集中攻关设计，基本明确了电网资源业务中台的总体架构，明确了与数据中台、物联管理中心之间的关系。

6 月 28 日，公司设备部、互联网部共同组织的电网资源业务中台设计启动会在杭州召开，发展部、财务部、营销部、国调中心、财务部、基建部共同参与，明确了集中工作的任务与目标。自 7 月 1 日起，公司设备部在杭州组织了为期两个月的集中攻关设计，基本明确了电网资源业务中台的总体架构，以及面向营配调统一的信息模型。

根据电网资源业务中台建设方案及相关工作要求，电网资源业务中台通过整合电网资源及共性业务沉淀，形成企业级电网资源共享服务中心，各业务系统不再单独建设共性电网资源应用服务，直接调用电网资源业务中台的共享服务，支撑各业务前端应用快速构建和迭代。但是，在电网资源业务中台具体建设与实施的过程中发现，仍存在一些关键问题亟待开展深入的技术研究。第一，电网资源业务中台要求设计架构开放、服务开放、功能开放，而微服务框架本身是灵活、开放的架构，如何充分发挥微服务架构的优点，实现电网资源业务中台的总体设计，构建满足共性稳定要求的业务服务是首要问题。第二，为实现模型驱动、数字孪生的电网资源业务中台，实现模型资源有序管理、优化扩展与增量拼接是重中之重，但无论是从已有的在运系统来看，还是从现有中台的规划来看，这部分内容始终没有得到明确的体现。第三，作为电网资源业务中台的核心功能与目标，"电网一张图"是支撑整个前端业务应用的先决条件，但是"电网一张图"如何构建、如何呈现、如何支撑业务等问题并没有很好的答案。第四，对于业务人员而言，部署在前端的微应用才是真正的窗口,如何通过微应用快速、准确调用中台内部的微服务,实现前端应用的快速灵活构建与响应也是需要深入考虑的问题。

(二)电网资源业务中台技术架构

电网资源业务中台定位是对核心业务提供共享服务,将公司各核心业务(发、输、变、配、用)中共性的内容进行整合,形成微服务清单,通过微服务形式供前端应用调用,实现业务应用的快速、灵活构建。业务中台的核心价值在于将传统业务能力 IT 化的模式转变为业务能力资产化的模式,提高业务敏捷性及市场响应速度,达成企业提质转型、降本增效的目标。为实现电网资源业务中台的高内聚低耦合,标准化的信息模型是业务中台交互的载体,是保证业务一致性的基础,是确保数据质量和达成数据共享的充分条件。电网资源业务中台在整个企业中台体系中需要与其他业务中台、物联管理中心协作,实现更大跨度的综合应用。图 2-1 为电网资源业务中台的总体架构图。

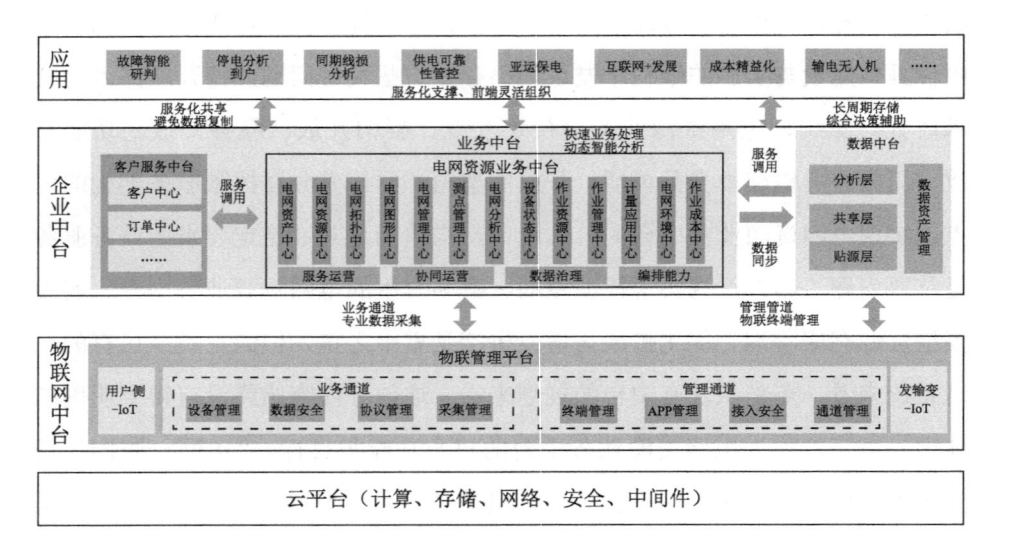

图 2-1 电网资源业务中台总体架构

电网资源业务中台应用纵向覆盖云平台、物联网平台、企业中台及应用层，围绕电网资源业务中台，横向实现与数据中台的数据贯通，向下广泛接入智能设备，汇聚物联感知数据，向上支撑各大应用样板间，已建设电网资源、资产、拓扑、模型、分析、作业等13个共享服务中心，构建标准服务604个，覆盖输电线路、变电站、中压馈线、低压台区等多个环节，异动管理、作业管理、计划管理、运维管理等多项业务为供电服务指挥系统、配电自动化Ⅳ区主站、输变电智能运检管控平台、变电站辅助一体化监控、亚运保电等核心业务系统提供支撑。

数据中台定位于为各专业、各单位提供数据共享和分析应用服务，以公司全业务统一数据中心为基础，根据数据共享和分析应用的需求，沉淀共性数据服务能力，通过数据服务满足横向跨专业、纵向不同层级数据共享、分析挖掘和融通需求。数据中台负责汇聚企业内外部各类数据，通过萃取加工处理，为业务应用提供有价值的数据共享和数据分析服务，面向公司各专业、各基层单位和外部合作伙伴提供便捷开放的数据分析和共享服务，提升公司智慧运营和新业务创新能力。

物联管理中心定位于发、输、变、配、用侧IoT服务，负责融合终端和传统终端的配置、管理、接入，负责融合终端的容器管理、APP管理，负责现场终端设备量测数据的采集，并将采集数据以"一发双收"的方式传送到电网资源业务中台和数据中台。

业务应用为用户提供友好、简洁、美观的交互界面，业务逻辑处理部分包括在业务中台和数据中台支撑下搭建的业务模块，以及未在业务中台实现共享服务沉淀的业务逻辑。

① 电网资源业务中台、数据中台、物联管理中心之间的关系。电网资源业务中台与物联管理中心协作，完成边和端的配置、管理，云端和边端分析能力的协同。通过调用物联管理中心相关服务实现终端联调和配置信息的下发。物联管理中心负责现场设备量测数据的采集，数据中台负责数据清洗、

存储管理、分析以及对外的数据服务，电网资源业务中台负责量测数据的业务化使用；电网资源业务中台、数据中台通过"一发双收"的模式通过物联管理中心接入现场感知数据，电网资源业务中台存储短期量测数据、电网数据、业务数据，从而支撑电网资源业务中台相关服务能力实现。

② 前端应用、电网资源业务中台、数据中台之间的关系。电网资源业务中台和数据中台通过微服务形式向前端应用提供共享服务；前端应用自身维护的数据通过调用电网资源业务中台的服务进行业务数据化，并通过数据同步的方式向数据中台实时存储数据；电网资源业务中台可调用数据中台提供的服务支撑自身业务逻辑处理。

③ 其他业务中台、电网资源业务中台之间的关系。各业务中台负责各自业务范围内的业务数据化，以及公共服务的建设、应用和安全管理，根据跨业务域的业务功能需求进行相关服务的跨域调用。

④ 调控系统、电网资源业务中台之间的关系。近期，调控系统负责维护主网资源和拓扑、专题图形，通过服务接入电网资源业务中台，在电网资源业务中台中对接，对应形成主配网完整的"一张图"；电网资源业务中台负责维护中低压、营配调贯通的配网电网资源，通过服务按需提供给调控系统。远期，电网资源业务中台实现电源、电网、用户的一源维护，所有电网资源通过服务调用的方式提供给调控系统。

（三）电网资源业务中台应用集成架构（见图2-2）

电网资源业务中台与PMS3.0、调控云（OMS等系统）、营销系统（包括95598等系统）、ERP、Ⅰ/Ⅳ区配电自动化系统、调度自动化系统、用采系统、变电站辅控系统、输电智慧监控系统、移动终端和智能装备实现集成，与物联管理中心、数据中台实现集成。根据电网设备台账、图模数据、在线监测数据、运行数据、实时事件信息、业务流程数据、查询分析数据等集成需求分别采用消息总线、服务总线、数据交换等集成方式实现。

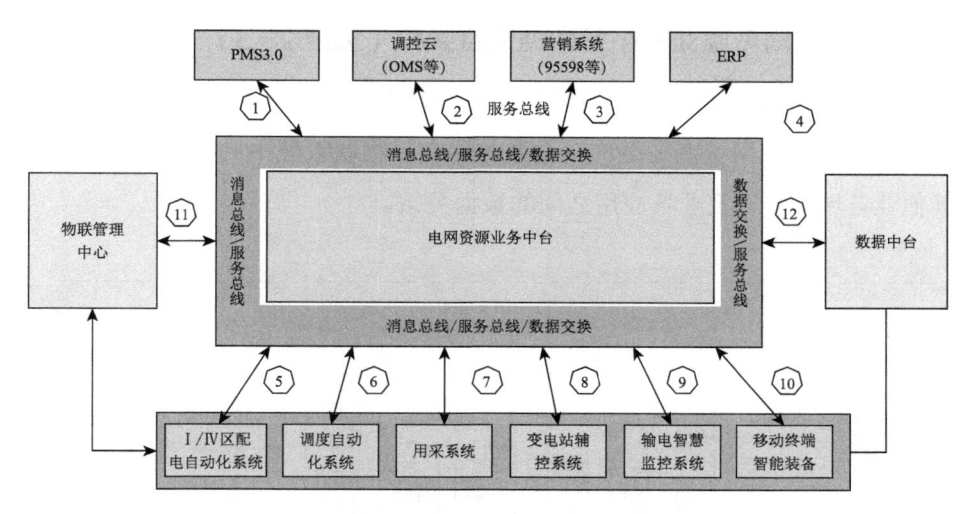

图 2-2 电网资源业务中台应用集成架构

其他系统、平台接入电网资源业务中台的信息（数据）从功能上来看分为两大部分，一部分是图形、模型/台账信息，另一部分是运行时的量测信息。而根据时效性来划分，数据又分为存量数据和增量数据。存量数据实际上涉及数据的迁移、数据初始化，这可以通过镜像库、中间库等方式或使用 OGG 等数据同步工具或 ETL 抽取来实现，一般是一次性工作，相对简单。关键是增量数据。对于图模数据，建议使用分布式消息队列来发布异动消息，当然，如果实际业务应用对模型变更的实时性要求不高，可采用定时同步、增量抽取等简单可靠的方式；而对于量测数据，实时性要求高的，如遥信变位，必须采用消息通知方式；其他量测数据可以定时同步，但建议采用消息队列，这样业务中台可通过消息队列服务来统一量测数据的实时增量接口，采用不同的消息主题来对应不同业务系统的数据。通过消息队列的高速缓存解耦后，由中台提供的量测实时入库程序完成数据的流式入库，最终实现以分布式存储为核心的量测数据生产库的存储。消息队列阿里方案可采用 MQ，华为方案可采用 Kafka。

（四）电网资源业务中台数据交互架构（见图 2-3）

电网资源业务中台的数据架构主要包括数据组成部分和相应的存储方式，主要描述电网资源业务中台与数据中台、物联管理中心、原业务系统、其他业务域中台以及业务应用之间的数据关系。

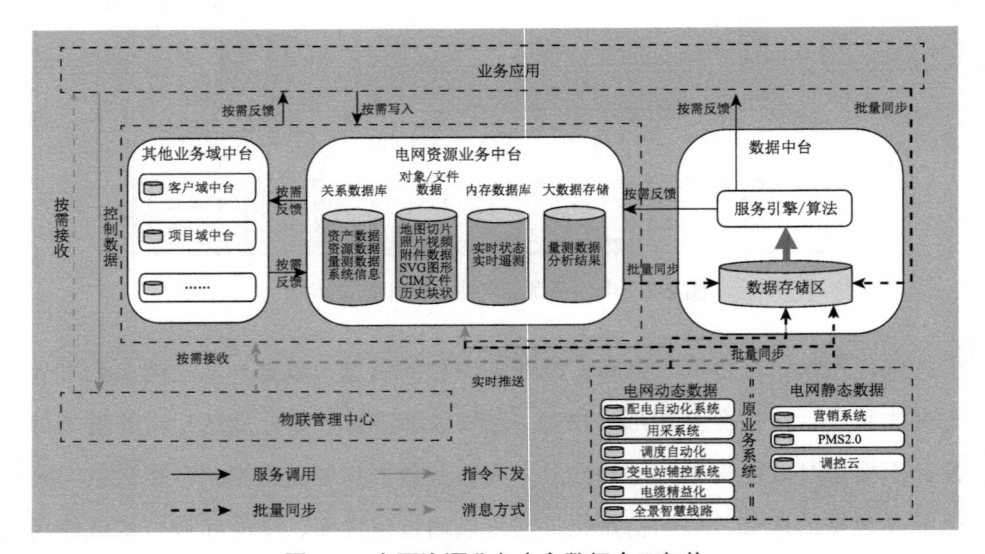

图 2-3　电网资源业务中台数据交互架构

电网资源业务中台和数据中台的数据交互主要表现在两个方面：一是业务中台通过服务调用的方式按需从数据中台获取数据；二是业务中台积累的业务数据要批量同步导入数据中台，远期通过业务系统改造，通过服务数据直接写入电网资源业务中台。电网资源业务中台和其他业务域中台存在按需服务调用的关系，以此达到跨域的数据交互。

数据中台是数据的汇集地，所有的数据都要以批量同步或实时同步的方式进入数据中台的数据存储区，业务中台、原业务系统、业务应用都是以批量同步的形式进入数据中台，物联管理中心的采集数据以消息的方式实时同步进入数据中台。这些数据经过数据中台的计算、分析提供业务价值，以 API 服务接口或消息的方式提供数据。

① 数据存储形式。电网业务中台包含的数据主要有电网资源数据、资产数据、图形信息、拓扑信息、量测配置信息、实时数据等结构化数据，以及 CIM 文件、SVG 图形等非结构化数据。这些数据根据数据特点被存储在关系型数据库、对象存储以及内存实时数据库。

② 原业务系统数据整合。原业务系统数据接入分两阶段进行演进。第一阶段，存量数据以批量数据同步的形式进入业务中台，进行业务数据融合，然后以 API 接口服务形式对中台外提供能力；分析原业务系统结构化数据与电网资源业务中台模型的映射关系，通过数据同步工具，实现结构化数据到电网资源业务中台的增量数据整合。数据中台提供非结构化数据（照片、图片、文件）存取服务，原业务系统直接调用服务存取非结构化数据。第二阶段，原业务系统进行系统改造，采用调用中台服务的形式向中台输入数据；中台向外输出数据，则以 API 接口服务形式按需被调用提供数据。

③ 终端设备准实时量测数据整合。前期物联管理中心不具备接入条件，数据由原系统接入中台，待物联管理中心具备接入条件时，终端数据同步逐步向物联管理中心靠拢，由物联管理中心接收并转发，采用"一发双收"的方式同时传递给业务中台和数据中台。进入数据中台的数据为原始数据，不进行清洗转换，存入贴源层；进入业务中台的数据按照业务逻辑进行洗清转换，转换完成的数据存入数据中台，同时同步到数据中台的共享层；业务中台的清洗转换后的数据如果有问题，需要重新核对原数据时，可以调用数据中台贴源层数据重新核对，确认数据中台共享层和业务中台数据有问题时，可以更新数据中台共享层和业务中台数据。

④ 终端配置数据。按周期和变更等维度下发配置数据，同时下发遥控、遥调等指令。

⑤ 业务应用数据（同源维护）。业务应用调用业务中台的服务，把结构化数据存储到业务中台；业务应用调用数据中台提供的非结构化数据，将非结构化数据存储到数据中台。

（五）电网资源业务中台微应用框架实现技术

技术架构以具体技术解决能力为架构，分为核心服务能力和外围服务支撑能力，其技术框架如图 2-4 所示。

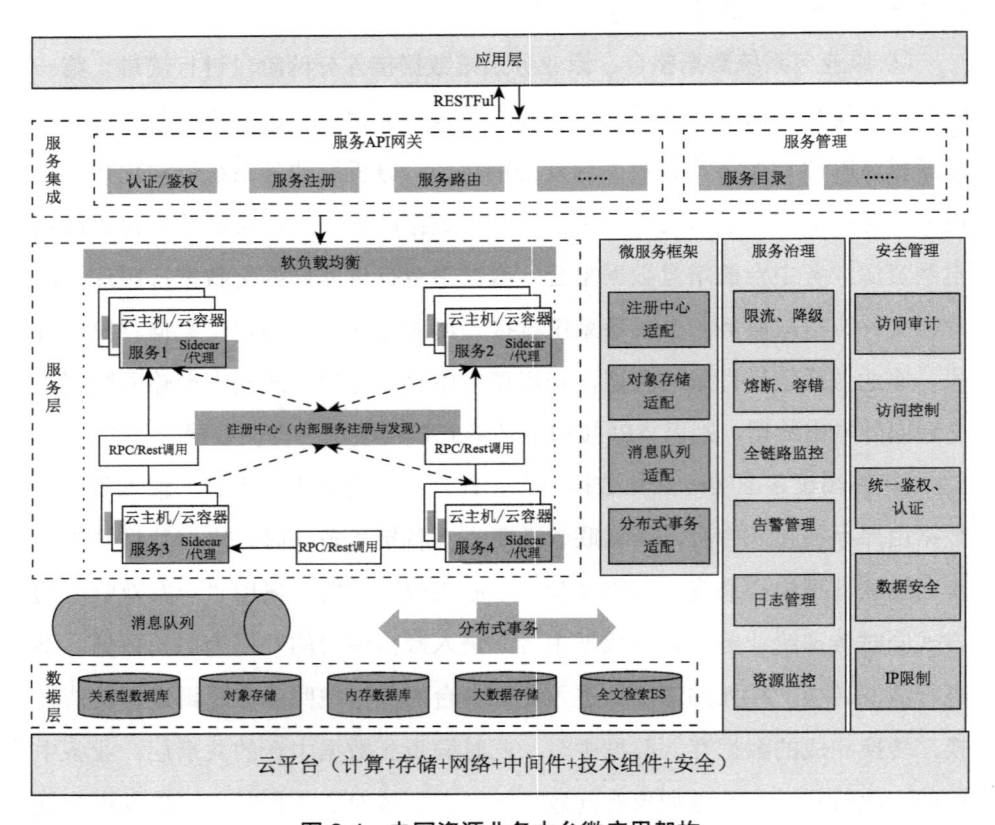

图 2-4 电网资源业务中台微应用架构

电网资源业务中台的核心服务遵循 RESTful 协议，以微服务作为架构，分为原子服务和聚合服务，聚合服务以 PRC 的方式调用原子服务，原子服务通过服务注册对外公开。聚合服务通过服务发现识别服务地址。所有可以对外的服务均注册到 API 网关，配置服务路由，对外公开服务路由地址，服务治理和安全管理由云平台统一提供。

二、同源维护套件技术

（一）同源维护套件建设背景及意义

2020 年国网公司提出"数据一个源、电网一张图、业务一条线"，电网资源业务中台建设和应用中台化改造切换，对中台电网图模数据的完整性、准确性、及时性提出了更高的要求。原有 PMS2.0 已不能满足日常业务的需要。

PMS2.0 主要存在如下问题：

1. 系统运行慢、卡顿

① PMS2.0 地理图加载较慢，如果影像图层显示，拖动将出现卡顿现象。

② PMS2.0 操作较为烦琐。

2. 图数不一致

① PMS2.0 存在图数不一致、图形与设备树不一致的问题。

② 数据编辑没有锁定，共同维护时形成异常数据，无法回撤。

3. 专题图效果差，调图工作量大

① PMS2.0 单线图、系统图、低压台区图打印出来不美观。

② 需要维护人员花大量精力调图，现场班组无法直接应用。

4. 台账维护工作量大

① PMS2.0 采取的是设备卡片式维护，维护人员要根据设备类型一张一张设备卡片式维护。

② 设备台账维护所需时间较长，基层班组维护压力太大。

5. 模型差异导致数据问题无法整改

PMS2.0 目前有馈线模型和大馈线模型，由于两套模型的差异，PMS2.0 产生了一些无法整改的数据，例如数据满天星的问题。生产 GIS 和营销 GIS 是两套系统，造成营配数据不同源问题。

针对以上问题，自 2019 年 8 月开始，国网公司在浙江等省份启动基于中台的同源维护套件研发，作为电网资源业务中台"电网一张图、数据一个源"的源端维护入口。

同源维护套件建立的出发点是统一信息模型与中台标准服务，构建满足发、输、变、配、用等专业需求的电网资源同源维护应用，支持电源、电网、用户设备的电网资源信息维护，保障设备资源、资产、图形、拓扑信息的一致性、准确性、完整性，强化统一电网资源维护能力，实现数据源端唯一，全局共享。

（二）同源维护套件技术架构

通过打造同源维护套件，实现统一标准模型、专业数据底层融合，支持从电源（新能源）、电网至用户电网一张图展示；能够实现图模一体化快速维护、数据一致，支撑不同业务场景分层加载、编辑锁定，数据准确；专题图个性化配置自动成图，智能调图，营配调同源维护，业务一条线审核，实现基础数据实时共享、专业应用一站式服务。整体技术架构如图 2-5 所示。

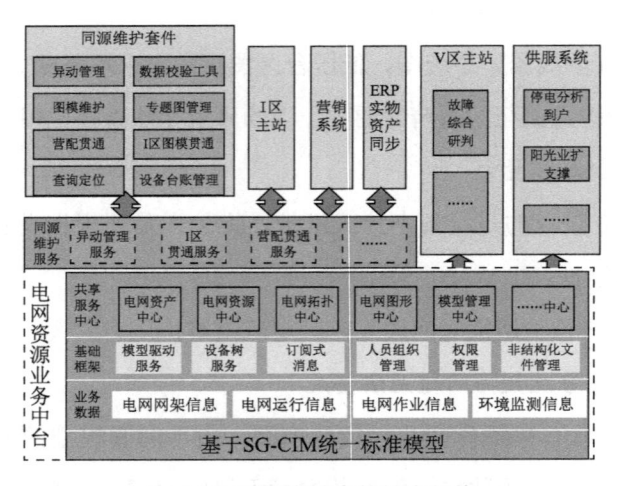

图 2-5 同源维护套件技术架构

（三）配网同源维护套件典型场景

针对配网的复杂性，国网浙江省电力有限公司（以下简称"浙江公司")在开发时,将同源维护套件按照中、低压进行分类开发。中压维护一级功能模块数 30 项,子功能点数 210 项;中压专题图一级功能模块数 20 项,子功能点数 95 项。低压维护一级功能模块数 28 项,子功能点数 120 项;低压台区图一级功能模块数 6 项,子功能点数 18 项。典型支持中低压图模维护场景如图 2-6 所示。

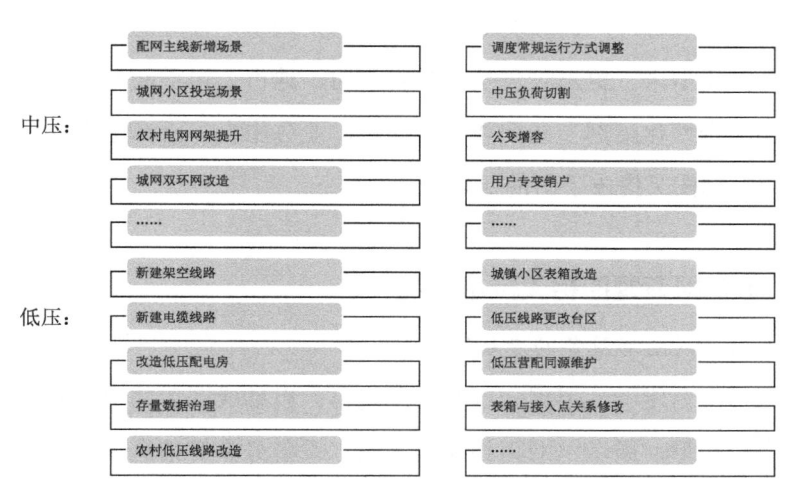

图 2-6 中低压图模维护场景

三、配网一张图

(一)我国电网专题图研究现状

国网"十四五"规划明确提出了电网数字化建设的中台战略,把"电网一张图"建设提到了一个更高的地位,国电南瑞、华云等众多公司在电网专题图领域都有显著的研究成效,但目前基于业务中台、云主站的图模建设还存在一定的问题,在图模的完整性、实时性、业务融合度等方面需要进一步研究和提高。电网专题图自动成图的效率和准确性要求从模型准确性、算法效率的角度进行提高。

在电网专题图自动成图上，国网公司范围内经历三个阶段。第一阶段是 PMS 统推之前，各省公司、地市公司都尝试开展配网自动成图工作，效果比较好的有国网杭州供电公司和国网宁波供电公司的系统图、单线图。这个阶段比较强调的是基于 GIS 电网图形数据的自动成图。第二阶段是 PMS2.0 统推阶段，PMS2.0 的专题图模块提供了 5 种配网专题图的自动成图，采用统一的成图规范和标准，但成图效果和应用效果均不是很理想，难以兼顾各个地方的个性化需求。第三阶段是一些省公司、地市公司重新考虑自建应用以适应自己的个性化配网专题图要求。同时，业务中台、泛在电力物联网的建设对电力专题图又提出了新的要求。

（二）电网专题图相关技术介绍

1. 面向电网图形服务的专题图叠加技术

从图形的角度看，依据一定的成图规范，自动成图后的电网专题图，是一种静态的图形，展示电网拓扑连接状态、设备分布等信息。但是，在电网运行监控、设备状态管理、运维巡检抢修、停电管理、配网调度、保供电等业务中，需要调阅多种电网专题图，在电网专题图上叠加显示业务数据或图形，如电网运行状态和参数、设备健康状态、抢修状态、调度状态、潮流图等的叠加展示。电网专题图叠加技术的研究内容包括：多张电网专题图的联合展示、专题图之间的跳转、专题图之间的拓扑追踪，电网专题图之上的业务数据或图形的自动可视化叠加展示及交互，可叠加业务信息的自动成图技术，电网专题图叠加展示的微服务化封装。

2. 面向一体化运维的实时信息动态标记技术

电网运维状态时刻在变化，运维信息包括危险点、巡视记录、设备缺陷、设备故障、设备隐患、检修计划、停电计划、带电作业等，可基于电网专题图实时标记信息。电网专题图实时运维信息动态标记技术的研究内容包括：电网一体化运维信息的获取、变换和展示方式，电网专题图上运维信息的图形化标记方法，电网专题图上运维信息的交互方式，可实时信息动态标记的自动成图技术，电网专题图运维信息动态标记的微服务化封装。

3. 面向前端用户的个性化图形配置与渲染技术

前端用户的类型涉及多个业务方向，业务需求是多样的。不同前端用户对同样一张电网专题图可能有不同的使用需求。需要提供专题图的前端个性化配置和渲染技术，前端用户根据自己的业务应用场景需要个性化配置图形显示方式，如突显重要配变、突显主干线、突显调度开关等。电网专题图的前端个性化图形配置与渲染技术的研究内容包括：前端用户个性化专题图图形配置的需求梳理和总结，前端用户个性化专题图配置信息的格式化及保存方式，在前端页面上的专题图个性化显示和渲染技术的实现，可实现电网专题图个性化图形配置和渲染的自动成图技术，电网专题图个性化图形配置和渲染显示的微服务化封装。

（三）配网典型图介绍

1. 单线图（见图 2-7）

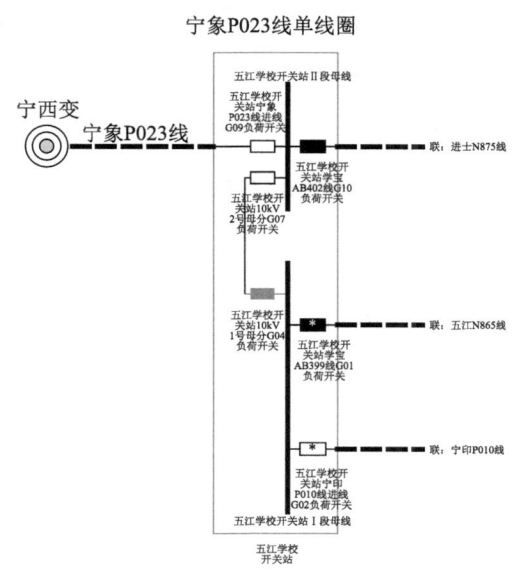

图 2-7　单线图

2. 站室图（见图2-8）

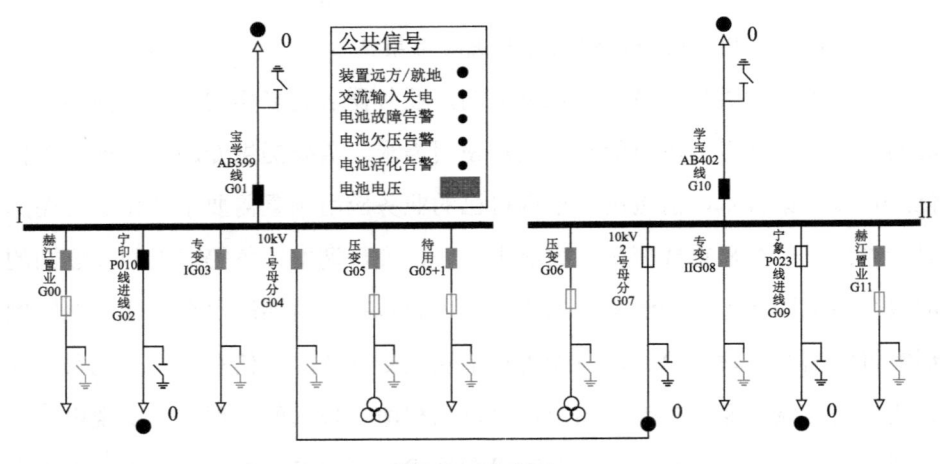

图 2-8　站室图

3. 环网图（见图2-9）

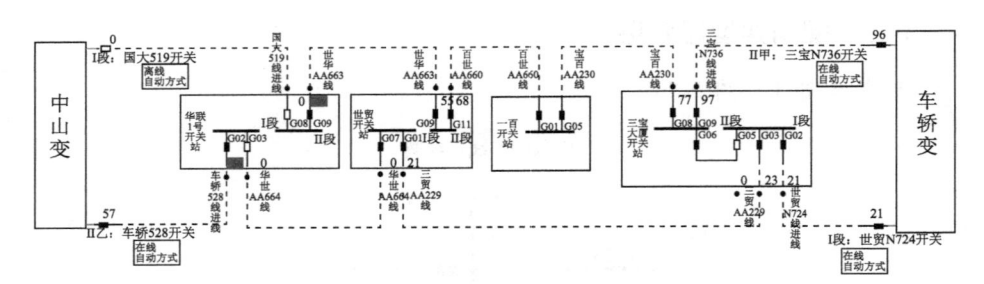

图 2-9　环网图

第二章 配电自动化主站的数字化建设

4. 系统图（见图 2-10）

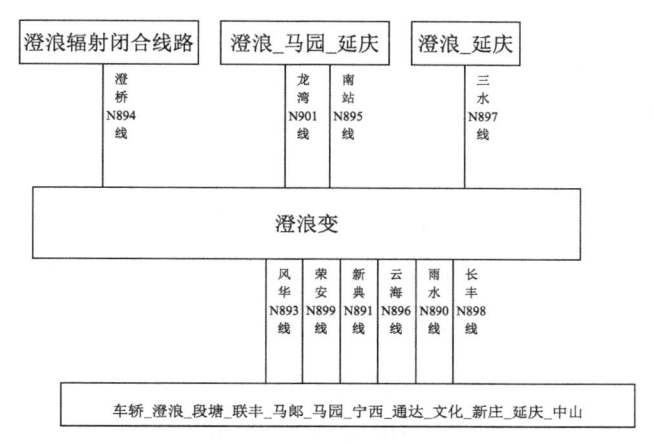

图 2-10　系统图

5. 台区图（见图 2-11）

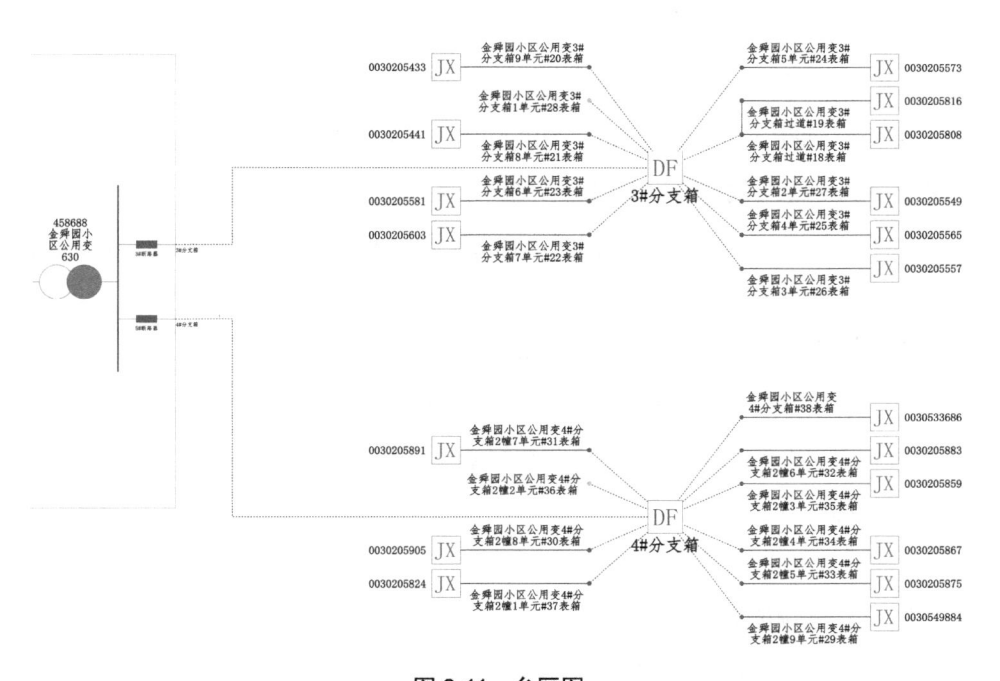

图 2-11　台区图

四、Ⅰ区主站技术管理与提升

（一）建设背景

为贯彻国家发展改革委和能源局相关文件精神，落实国网公司全面建设智能配电网工作部署，推进配电自动化建设，进一步提升配电自动化应用水平，全面支撑配电网精益管理和精准投资，不断提高配电网供电可靠性、供电质量和效率效益，2017年国网运检部关于做好"十三五"配电自动化建设应用工作进行了专项发文，即国网运检6号文，文件中明确智能配电网建设主要包括智能感知、数据融合、智能决策三个方面，配电自动化系统作为配电网智能感知的重要环节，以配电网调度监控和配电网运行状态采集为主要应用方向，要求按照"地县一体化"构建新一代配电自动化主站系统，做到全省范围内主站建设"功能应用统一、硬件配置统一、接口方式统一、运维标准统一"。

浙江公司从2017年开始推广建设新一代配电自动化主站系统，2018年完成配电自动化主站系统全覆盖，2020年前按照线路关键点覆盖原则，实现城农网10kV配电线路自动化覆盖率90%以上。

2020年，为进一步发挥配电自动化建设成果，支撑智能化应用、信息化管理，提升配电网灵活转供能力，缩短配电网故障处置时间，提高供电可靠性、供电质量与服务水平，浙江公司特制定并印发了《关于配电自动化应用提升工作方案》，即浙电设备部20号文。该文确定了建立完善的配电自动化管理体系、加强配电自动化基础数据管理、加强配电自动化系统应用的总体工作目标。

（二）系统简介

新一代配电自动化主站系统按照"地县一体化"的模式构建，其中生产控制大区分散部署、管理信息大区集中部署，做到省公司范围内主站建设

"功能应用统一、硬件配置统一、接口方式统一、运维标准统一",实现数据充分共享。

新一代配电自动化主站采取"1+N+X"设计架构搭建,即Ⅳ区(浙电云平台)集中部署、Ⅰ区分布建设。"1"指的是新一代配电自动化主站省公司Ⅳ区系统,"N"指部署于各地市公司的新一代配电自动化Ⅰ区系统,"X"即各地市配电自动化Ⅰ区系统下各区县公司的分布式子系统,通过这个架构来实现地县一体化(见图2-12)。

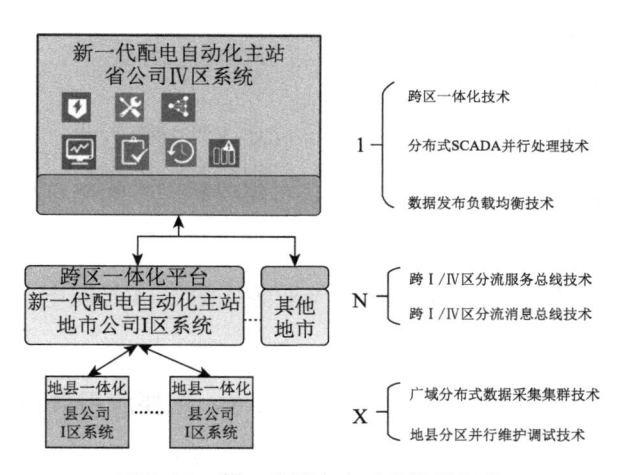

图2-12 新一代配电自动化设计架构

新一代配电自动化主站有如下三大特点。

① 安全接入。配电终端配置安全芯片,通过安全接入区接入配电自动化主站。主站系统采用国产数据库、操作系统,核心设备(服务器、网关、隔离、交换机等),提升了信息安全水平。

② 信息互联。与省公司统建的Ⅳ区"云平台"互联互通,通过"大云物移"技术深入挖掘配电自动化数据的价值,与营销系统等多方面数据进行综合,分析研判,为提升供电服务水平提供强大的数据支撑。

③ 地县一体。将市本级及其余县公司配电自动化数据整合至一套系统中,实现地、县级公司数据资源、技术资源、设备资源共享。

（三）发展历程

图 2-13 展现了浙江省配电自动化系统建设历程。2009 年至 2017 年，部分地市公司开始初步探索建设并应用以 OPEN3200 为系统平台的配电自动化主站，并取得了不错的应用成效。从 2018 年起，各地市公司在省公司的大力支持下开展了基于"1+N+X"架构的新一代配电自动化主站系统建设应用；2021 年基本完成配电自动化Ⅳ区主站中台化改造。

（四）系统架构

1. 系统硬件架构

新一代配电自动化主站系统采用"1+N+X"部署方式，市公司建成具备地县一体功能的配电自动化主站，县公司建成新一代配电自动化分布式子系统，能够跨地市生产控制大区与省公司管理信息大区，实现配电网全覆盖，全面服务于配电网调度运行和运维检修业务（图 2-14 是配电自动化主站系统硬件拓扑图）。

配电自动化Ⅰ区主站位于生产控制大区，主要应用群体为调度人员，服务于调度日常计划工作和事故抢修；配电自动化Ⅳ区主站位于管理信息大区，主要应用群体为配网基层班组及相关管理人员，实现各类终端设备全生命周期管理，开展配网准实时状态监控、故障综合研判与异常分析。

按照浙江省的建设模式，目前三遥 DTU、4G ＋量子智能开关、5G 智能开关通过安全接入区直采接入配电自动化Ⅰ区，实现遥信、遥测数据实时上送，且具备主站遥控功能。传统智能开关、公变终端、故障指示器、智能融合终端、小电流放大装置、二遥 DTU 通过无线公网及加密方式接入配电自动化Ⅳ区，实现遥信、遥测数据定期（15min）上送；而配电自动化Ⅰ区和Ⅳ区的数据则通过正反向隔离装置实现安全双向交互。

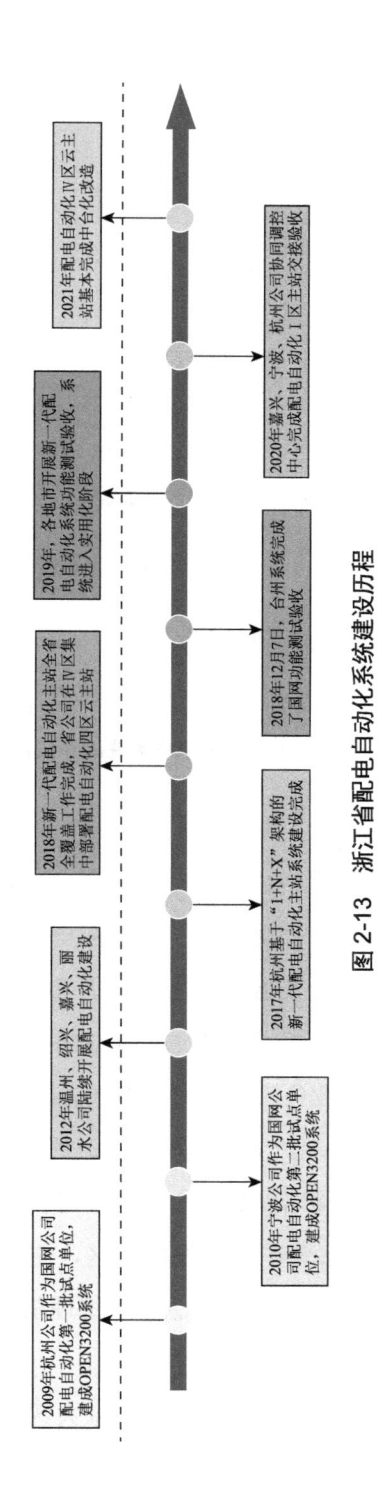

第二章 配电自动化主站的数字化建设

图 2-13 浙江省配电自动化系统建设历程

- 2009年杭州公司作为国网公司配电自动化第一批试点单位，建成OPEN3200系统
- 2010年宁波公司作为国网公司配电自动化第二批试点单位，建成OPEN3200系统
- 2012年温州、绍兴、嘉兴、丽水公司陆续开展配电自动化建设
- 2017年杭州基于"1+N+X"架构的新一代配电自动化主站系统建设完成
- 2018年新一代配电自动化主站全省全覆盖工作完成，省公司在IV区主中部署配电自动化IV区云主站
- 2018年12月7日，台州系统完成了国网功能测试试验收
- 2019年，各地市开展新一代配电自动化系统功能测试验收，系统进入实用化阶段
- 2020年嘉兴、宁波、杭州公司协同调控中心完成配电自动化I区主站交接验收
- 2021年配电自动化IV区云主站基本完成中台化改造

23

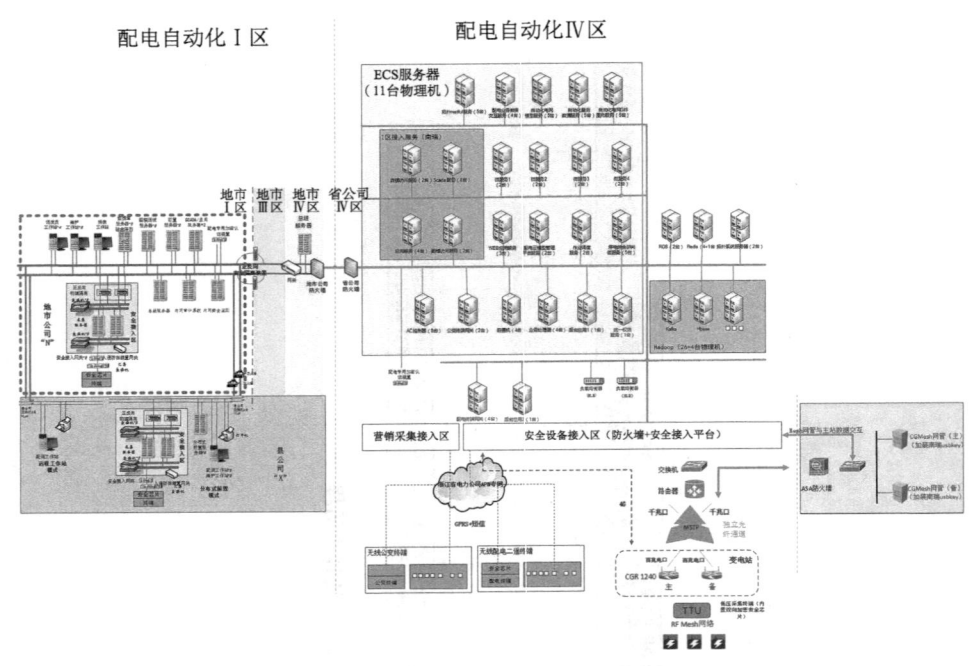

图 2-14 配电自动化主站系统硬件拓扑图

2. 系统软件架构

新一代配电自动化主站系统由"一个支撑平台、两个应用"构成。新一代配电自动化主站基于跨区一体化平台，包含配电网运行监控与配电网运行状态管控两大类应用功能，分别服务于配电网调控与运维检修。生产控制大区与管理信息大区通过信息交换总线贯通，实现各业务系统数据在线交互，为"两个应用"提供数据与业务流程技术支撑（见图 2-15）。

① 光纤通信方式配电终端、无线通信方式三遥配电终端接入生产控制大区，无线通信方式二遥配电终端以及其他配电采集装置接入管理信息大区。

② 配电运行监控应用部署在生产控制大区，主要实现三遥数据采集、操作控制类基本功能，可通过信息交换总线从管理信息大区调取所需实时数据、历史数据及分析结果。

③ 配电运行状态管控应用部署在管理信息大区，主要实现二遥终端接

入、配网运行综合分析、支撑配电网运行管理,可通过信息交换总线接收从生产控制大区推送的实时数据及分析结果。

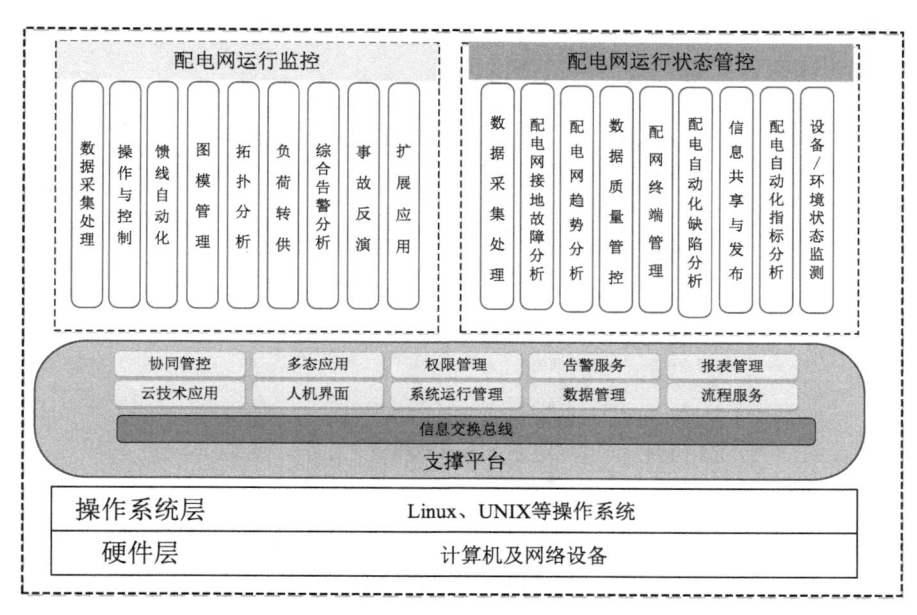

图 2-15 配电自动化主站系统功能

④ 生产控制大区与管理信息大区基于统一支撑平台,通过协同管控机制实现权限、责任区、告警定义等的分区维护、统一管理,并保证管理信息大区不向生产控制大区发送权限修改、遥控等操作性指令。

⑤ 外部系统通过信息交换总线与配电主站实现信息交互。

⑥ 硬件采用物理计算机或虚拟化资源,操作系统采用 Linux、UNIX 等。

3. 系统安防架构

图 2-16 为配电自动化系统安防架构。

B1:配电运行监控应用与配电运行状态管控应用之间为大区边界,采用电力专用横向单向安全隔离装置。

B2:配电运行监控应用与本级调度自动化系统之间的生产控制大区横向域边界,采用电力专用横向单向安全隔离装置。

B3：针对配电终端接入设立安全接入区，生产控制大区与安全接入区边界采用电力专用横向单向安全隔离装置。

B4：当配电终端采用无线网络接入配电运行状态管控应用时，信息内网与无线网络边界采用安全加密认证措施。

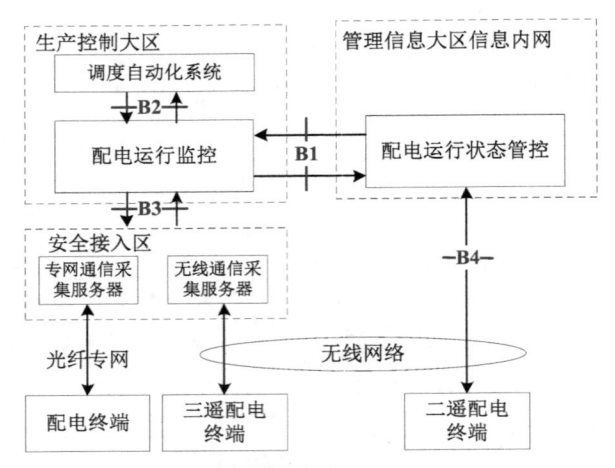

图 2-16　配电自动化系统安防架构

（五）操作系统介绍

配电自动化主站系统采用凝思磐石安全操作系统。凝思操作系统是国内首款符合信息系统安全等级保护 4 级标准，并经公安部信息安全检测中心检验合格的安全操作系统，它遵循国内外安全操作系统标准 GB20272、国军标和 POSIX 标准等进行设计和实现，为我国用户提供拥有自主知识产权、高安全、高可用和高效的国产操作系统平台，广泛应用于国家电力、电信、安全、国防、机要和政务等重点行业和部门。

该操作系统主要特性如下。

① 高安全性。凝思操作系统的安全机制实现于系统内核，具有高度的强制性，通过安全机制的合理配置和综合应用实现多种安全策略，有效防止网络攻击对服务器系统造成的破坏，防止病毒的感染和传播，避免木马植入引起的敏感信息泄露，大大减少系统安全隐患，提高系统的安全性能。

② 高可用性。为进一步提高操作系统稳定性，凝思操作系统提供磁盘冗余、网卡冗余、磁盘阵列卡冗余、软件固化、双机热备和服务热切换等多种冗余容错机制，降低部件故障引起整机失效的风险。

③ 高兼容性。凝思操作系统具有良好的软硬件兼容性。硬件方面，支持所有主流磁盘控制器、RAID 卡、光通道 HBA 卡、磁盘阵列，全面支持国内外主流品牌的服务器、图形工作站和工控机平台。

④ 易维护性。凝思操作系统实现了日志、声音和邮件等多种系统报警机制，使系统管理员能够及时掌握操作系统运行状态，第一时间排除系统故障；支持键盘/显示器、串口和网络等多种接入方式，便于系统管理员的本地和远程管理。

⑤ 易操作性。凝思操作系统提供丰富的管理和维护软件，既可通过命令行工具完成系统配置和维护，又可通过图形界面完成相关操作，简化用户操作步骤，减少系统管理员的维护工作量；支持多屏显示，为调度员提供丰富的调度信息。

（六）数据库介绍

数据库（Data Base，DB），是以一定方式储存，能与多个用户共享，具有尽可能小的冗余度，应用程序彼此独立的数据集合，简而言之，其是电子化的文件柜——存储电子文件的处所，用户可以对文件中的数据进行新增、查询、更新、删除等操作。

数据库管理系统（Database Management System，DBMS）是为管理数据库而设计的电脑软件系统，一般具有存储、截取、安全保障、备份等基础功能，主要可分为关系数据库和非关系数据库两类。

目前浙江省内配电自动化主站主要应用金仓数据库（kingbaseES）和达梦数据库（DM），它们都是具有自主知识产权的国产高性能数据库管理系统，既具备数据库管理系统的通用性和稳定性，也可满足电网运行监控对实时性、响应速度等的要求。

（七）功能应用

1. 图形浏览及操作

图形浏览及操作是配电自动化系统使用最频繁的功能之一，是对整个系统的界面显示并操作；在画面上可以反映设备状态和实时数据、相关历史数据，并具备事故追溯、拓扑着色和人工操作等功能。

① 反映设备状态和实时数据：对于遥信变位、事故变位等信息，画面上立即反映，同时根据系统色彩配置表中的颜色来区别设备的不同状态。

② 反映历史数据：在图形浏览器中可以调出历史任一时段的历史数据。

③ 事故追忆：可以调出任一事故的事故断面，并进行反演。

④ 拓扑着色：网络拓扑分析根据图中开关、刀闸的状态将系统分成几个不连通的部分，每个部分用不同的底色来显示。

⑤ 人工操作：调度员进行的任何操作如遥测封锁、遥测置数、遥控都可在图形上完成。

图 2-17 所示为间隔电流曲线，图 2-18 为配网站房图。

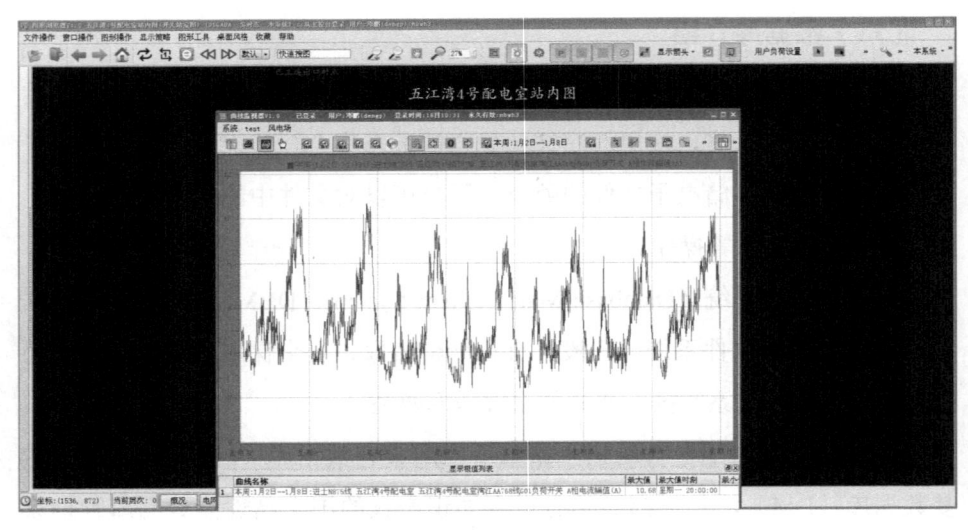

图 2-17　间隔电流曲线

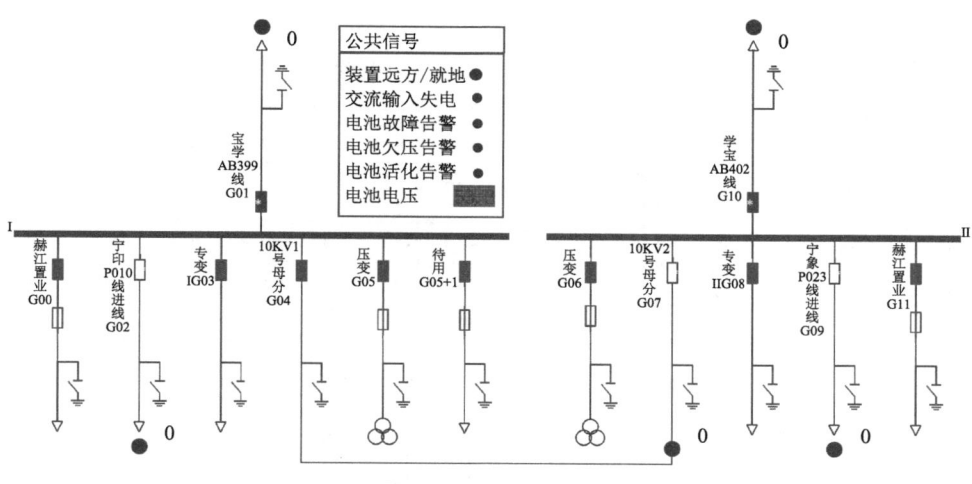

图 2-18 配网站房图

2. 告警查询（见图 2-19 和图 2-20）

告警查询是配电自动化系统最常用的功能之一，可通过设定约束条件，实现各类历史告警记录查询功能，包括终端上送的开关分合闸变位、SOE 等信号、主站基础操作记录、调度控制操作记录等。告警类型中选择需要查询的告警，可按查询时间范围或开关名称进行检索。告警查询结果一般包括告警时间和告警内容等。

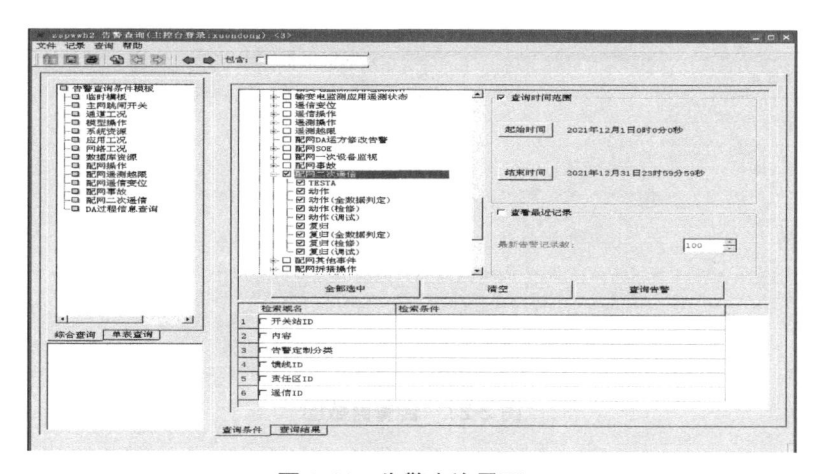

图 2-19 告警查询界面一

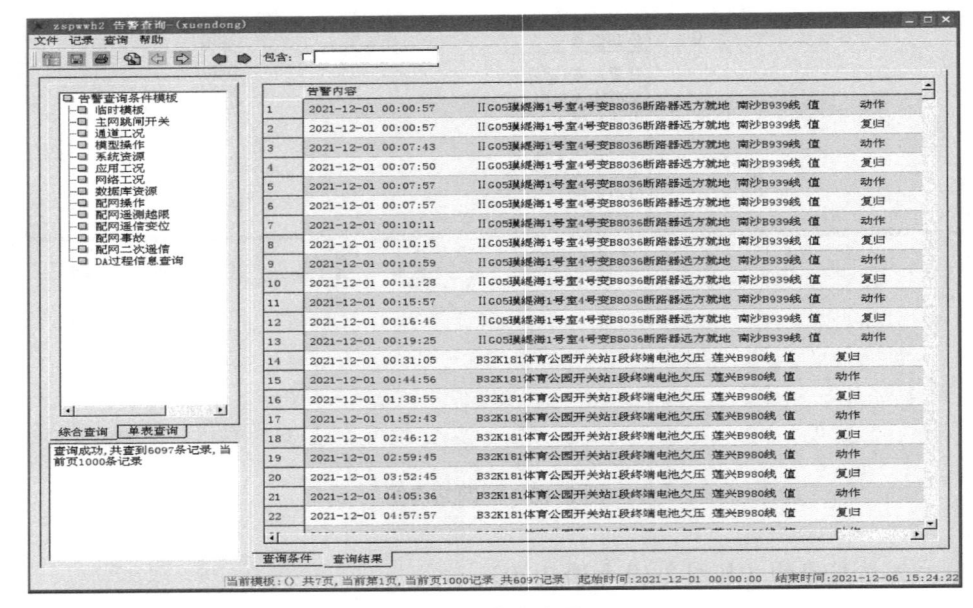

图 2-20 告警查询界面二

3. 告警窗（见图 2-21）

告警客户端是系统提供给调度人员监视的告警窗，作为实时监视的主要窗口。告警窗可根据配网运行情况及调度要求，实时展示告警信息，并对告警窗中不同类型的告警信息进行分层分区显示。

图 2-21 告警窗截图

4. 图模异动

配电自动化系统中配网图模数据源自 PMS3.0 系统。配网图模数据在同源维护套件中进行维护，当配网线路割接、新站投运等引起线路一次电气连接关系改变时，运维人员应在同源维护套件中同步对配网图模进行增、删、改，并发起运检、调度、自动化审核流程，审核通过的配网图模通过信息交互总线传输至配电自动化主站，主站通过导图工具将更新后的配网图模导入配电自动化主站，完成图模的实时更新。为确保配电自动化主站系统图模数据与现场的一致性，浙江公司制定了图模异动流程，实现"无异动、不工作"的管理模式（见图 2-22）。

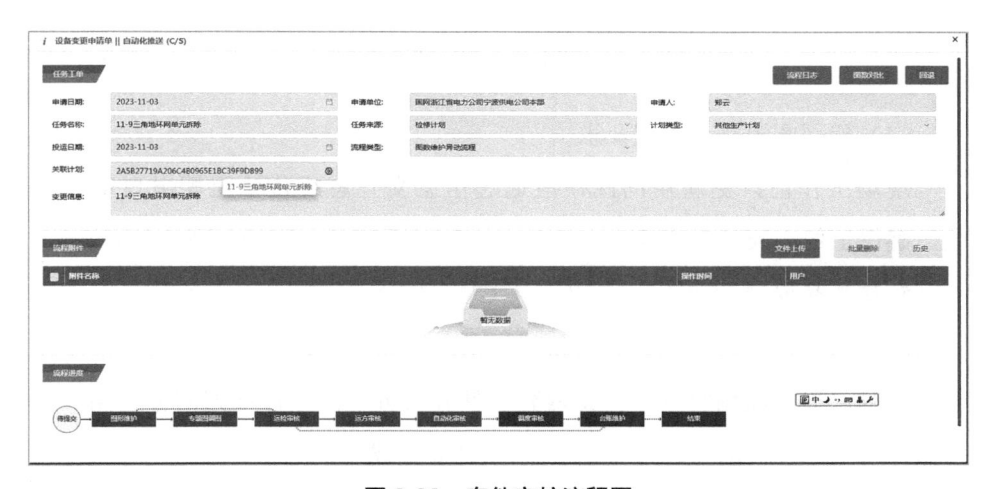

图 2-22　套件审核流程图

（1）导入配电自动化主站的配网图模要求（见图 2-23）

① 与现场实际情况一致，确保图实一致、图图一致，不可出现间隔名称柜号不对应、图形模型名称不一致、联络设备图模关联错误、拓扑连接不正确等情况。

② 配网设备图形布局应美观、均衡，连接线应保证横平竖直，标注不可出现大小不一、重叠的情况。

图 2-23 配电自动化主站导图界面

（2）配网图模异动流程要求

现场工作前，更新后的图模应通过信息交互总线传输至配电自动化主站，确保工作当天同步将配电自动化主站图模更新至与现场一致的状态。

5. 信息联调

配电自动化Ⅰ区终端设备上线投运前，应将Ⅰ区终端设备与主站开展遥信、遥测、遥控联调测试，测试内容包括开关分合闸、接地刀闸分合闸、开关保护动作、公共信号、开关相电流、10kV母线相线电压、蓄电池电压等，以验证Ⅰ区终端设备接线正确，参数配置无误，一次机构完好，满足投运条件。

配电自动化Ⅰ区终端设备信息联调要求如下。

①主站、终端侧的自动化设备信息点表应一致，相关参数配置须对应。

②信息联调前，要确保主站图模与实际一致，通信设备已安装调试，且通信链路已连通。

③主站、终端都需要对联调测试结果进行核对，并实时记录、归档。

表 2-1 所示为××站联调对点记录表。

表 2-1   ××站联调对点记录表

配电终端厂家：					所属区域	
间隔名称	变比	配电终端型号				
		对点内容	点号	对点是否完成	备注（问题或情况详细记录）	
装置公共		电池电压	0	□是 □否	U 电池： V	
		装置远方信号	105	□是 □否		
		装置就地信号	106	□是 □否		
		交流输入失电 1	107	□是 □否		
		交流输入失电 2	108	□是 □否		
		电池欠压告警	109	□是 □否		
		电池模块故障告警	110	□是 □否		
		电池活化告警	111	□是 □否		
电压	/	Ⅰ段母线线电压（U_{AB}）	6	□是 □否	取电来自： U_{AB}： V	
		Ⅰ段母线线电压（U_{BC}）	8	□是 □否	U_{BC}： V	
	□未采集					
	/	Ⅱ段母线线电压（U_{AB}）	13	□是 □否	取电来自： U_{AB}： V	
		Ⅱ段母线线电压（U_{BC}）	15	□是 □否	U_{BC}： V	
	□未采集					
间隔 1		合闸信号	0	□是 □否	□SOE	
		分闸信号	1	□是 □否	□SOE	
		接地信号	2	□是 □否	□SOE	
		过流故障	0	□是 □否	现场二次加量 A，主站一次显示 A □SOE	

续表

配电终端厂家：　　　　　　　　　配电终端型号：

间隔名称	变比	对点内容	点号	对点是否完成	备注（问题或情况详细记录）	所属区域
间隔1	遥测采集方式 □abc □ab0 □未采集	A相实测电流	20	□是 □否	Ia: A（主站）	A（终端）
		B相实测电流	21	□是 □否	Ib: A（主站）	A（终端）
		C相实测电流	22	□是 □否	Ic: A（主站）	A（终端）
		零序实测电流	23	□是 □否	I0: A（主站）	A（终端）
		有功实测值	25	□是 □否	P: MW（主站）	MW（终端）
		无功实测值	26	□是 □否	Q: MVar（主站）	MVar（终端）
		遥控合闸	0		□出口 □不出口	□SOE
		遥控分闸	12			□SOE
		合闸信号	13			□SOE
		分闸信号	14			□SOE
		接地信号	18		现场二次加量 A，主站一次显示	
		过流故障				
间隔2	遥测采集方式 □abc □ab0 □未采集	A相实测电流	27		Ia: A（主站）	A（终端）
		B相实测电流	28		Ib: A（主站）	A（终端）
		C相实测电流	29		Ic: A（主站）	A（终端）
		零序实测电流	30		I0: A（主站）	A（终端）
		有功实测值	32		P: MW（主站）	MW（终端）
		无功实测值	33		Q: MVar（主站）	MVar（终端）
		遥控合闸	1		□出口 □不出口	□SOE
		遥控分闸				□SOE

6. 馈线自动化

馈线自动化（Feeder Automation，FA），能够利用自动化装置或系统监视配电网的运行状况，及时发现配电网故障，进行故障定位、隔离和恢复对非故障区域的供电。

FA 可分为集中型 FA 和就地型 FA 两种。

集中型 FA 是通过配电自动化主站系统收集配电终端上送的故障信息，综合分析后定位出故障区域，再采用遥控方式进行故障隔离和非故障区域恢复供电。按照执行方式，集中型 FA 可分为全自动式和半自动式两种，可根据区域供电可靠性要求，结合配电网网架结构、一次设备现状、通信基础条件等情况，合理选择故障处理执行方式。

就地型 FA 是指配电网发生故障时，不依赖配电主站控制，通过配电终端相互通信、保护配合或时序配合，实现故障区域的隔离和非故障区域供电的恢复，并上报处理过程及结果。就地型 FA 按照是否需要通信配合，又可分为智能分布式 FA、不依赖通信的重合器式 FA，后者如分支分界型、电压时间型、电压电流时间型等。

表 2-2 为各种馈线自动化模式对比。

表 2-2　各种馈线自动化模式对比

对比项	集中型馈线自动化	就地型馈线自动化			智能分布式馈线自动化
^	^	重合器式馈线自动化			^
^	^	电压时间型	电压电流时间型	自适应综合型	^
供电区域	A+、A、B 类区域	B、C、D 类区域	B、C、D 类区域	B、C、D 类区域	A+、A、B 类区域
网架结构	架空、电缆	架空	架空	架空	电缆
通信方式选择	EPON、工业光纤以太网、无线	无线	无线	无线	工业光纤以太网、EPON

续表

对比项	集中型馈线自动化	就地型馈线自动化			智能分布式馈线自动化
^^^	^^^	重合器式馈线自动化			^^^
^^^	^^^	电压时间型	电压电流时间型	自适应综合型	^^^
变电站出线开关重合闸及保护要求	配合变电站出线开关保护配置	配置1次或2次重合闸	配置3次重合闸	配置1次或2次重合闸	速动型智能分布式FA要与变电站出线开关实现保护级差配合
配套开关操作机构要求	弹操、永磁	电磁、弹操	弹操	弹操、电磁	弹操、永磁
定值适应性	定值统一设置，方式调整不需重设	定值与接线方式相关，方式调整需要重设	定值与接线方式相关，方式调整需要重设。接地隔离时间定值与线路相关	定值自适应，方式调整不需重设	定值统一设置，方式调整不需重设
特点	①灵活性高，适应性强，适用于各种配电网络结构及运行方式。②开关操作次数少。③要求高可靠和高实时性的通信网络。④可对故障处理过程进行人工干预及管控	①可自行就地完成故障定位和隔离。②线路运行方式改变后，须调整终端定值	①可自行实现故障就地定位和就地隔离。②需要变电站出线开关配置3次重合闸。③线路运行方式改变后，须调整终端定值	①可自行就地完成故障定位和隔离。②具备接地故障处理能力	①快速故障处理，毫秒级定位及隔离，秒级供电恢复。②停电区域小。③定值整定简单。④速动型智能分布式FA要求变电站出线开关保护动作时限至少需0.3s及以上的延时。⑤要求高可靠和高实时性的通信网络

线路投运FA功能要求如下。

①线路投运FA功能前，要保证主站图模与现场一致，且拓扑正常。

②线路投运全自动FA功能前，要对线路进行FA仿真测试，验证主站

设备模型及拓扑连接关系，确保 FA 分析策略正确。

③ 全自动 FA 线路，若涉及配网异动工作，要在最新图模导入配电自动化主站前，退出全自动 FA 功能，图模更新后，要重新开展 FA 仿真验证，才可投入全自动运行。

④ 变电站线路若有检修工作，为防止 FA 误启动干扰调度监控，应在检修工作前退出 FA 功能。

7. 智能晨操（见图 2-24）

智能晨操是配电自动化系统中的一项高级应用，也叫配电网开关计划性状态测试操作。该功能根据配电网当前运行方式，并依据开关动作频率、线路重要性、故障发生频率等因素挑选开关，制定开关状态测试操作流程，定期在负荷较低的时刻开展配电开关自动动作试验。开关计划性状态测试工作，主要由测试方案编制、测试方案审核、测试方案执行、测试方案归档四个环节组成。三遥开关定期、有计划、有选择地开展开关状态测试操作，可确保开关三遥准确性，为配电网的调度监测、故障区域的判断和快速准确的隔离提供有力的保证。

图 2-24　智能晨操界面

8. 全停全转

全停全转功能是配电自动化系统中的另一项高级应用，该功能模块可根据配电自动化系统中电网拓扑自动寻找负荷转供点，生成负荷转供方案并自动遥控执行。根据适用场景的不同，分为变电站全停全转和配网负荷一键转供两个功能模块，由预案编制、预案执行、智能返回三个部分组成。

变电站全停全转功能适用于变电站故障全停或半停等需要快速转出配网负荷的场景，采用冷倒方式，实现故障情况下配网负荷快速转移，减少事故停电时间。配网负荷一键转供功能适用于变电站计划检修、主变重载、运方调整等批量配网负荷转移场景，采用热倒方式，实现一键式配网负荷快速转移，提升调控工作效率。

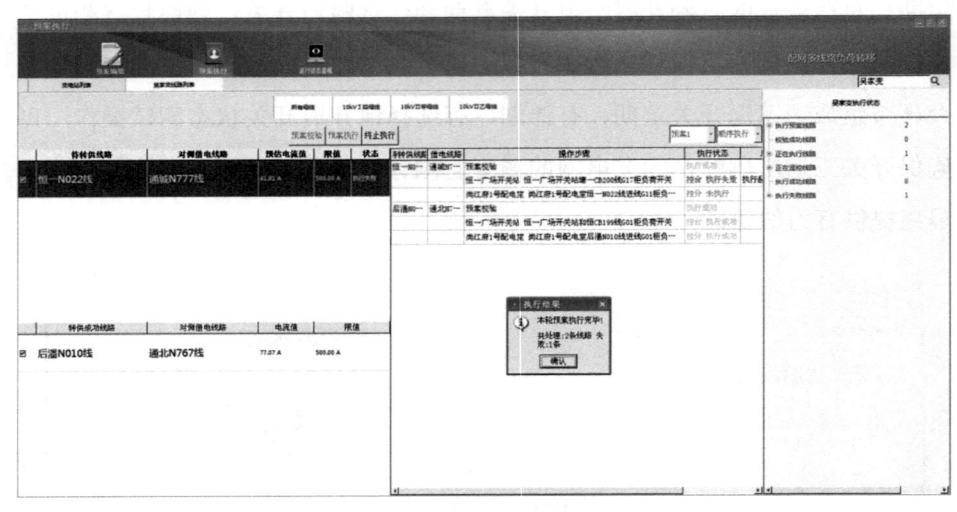

图 2-25 负荷一键转供功能界面

9. 指标查询

利用配电自动化主站指标查询模块，可对终端在线率、遥控使用率、遥控成功率、FA 成功率等重要指标进行查询，为运检、调度开展精益化管控提供数据支撑。

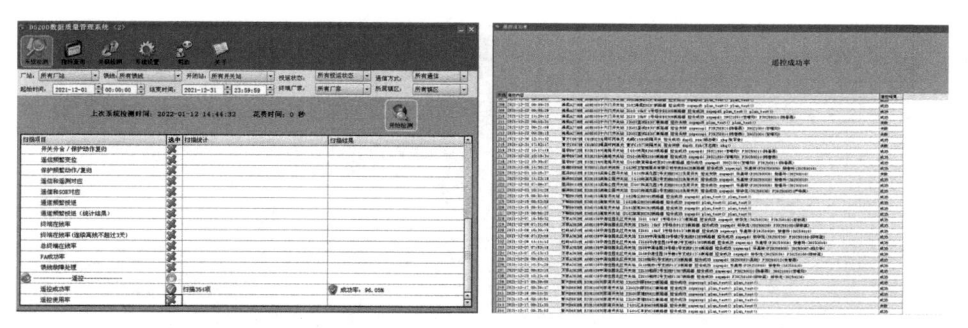

图 2-26　指标查询工具

指标查询功能应用要求：为确保指标查询范围精准无误，自动化运维人员应及时、正确维护设备基础参数，如"所属镇区""终端厂家""通信方式""投运状态"等。

10. Web 应用

Web 应用是配电自动化系统中的另一项高级应用，Web 技术是一种开放性的技术，它允许任意地点的用户通过 Web 浏览器接入网络，访问 Web 服务器发布的各类信息，Web 服务器可以与系统数据库进行连接，在授权客户机上显示站所的遥测、遥信数据。通过 Web 服务器登录到历史数据库，可以查看数据库服务器系统资源使用等情况。

配电自动化系统 Web 服务部署于管理信息大区，是配电自动化一区主站的延伸，通过正反向隔离实现与配电自动化一区主站的实时信息交互。实时交互信息包括图形信息、模型信息、遥信变位信息、故障信息、实时遥测信息等。遥信变位、故障信息等重要信息实时双向同步，遥测及其他数据采用断面加画面订阅的方式同步，分析应用的结果数据可实时推送或跨区调用。配电自动化系统 Web 高级功能包括终端自动调试、终端运行状态监测、电网运行状态管控、自动化运行指标管理等，目前在国网杭州公司开展试点应用。

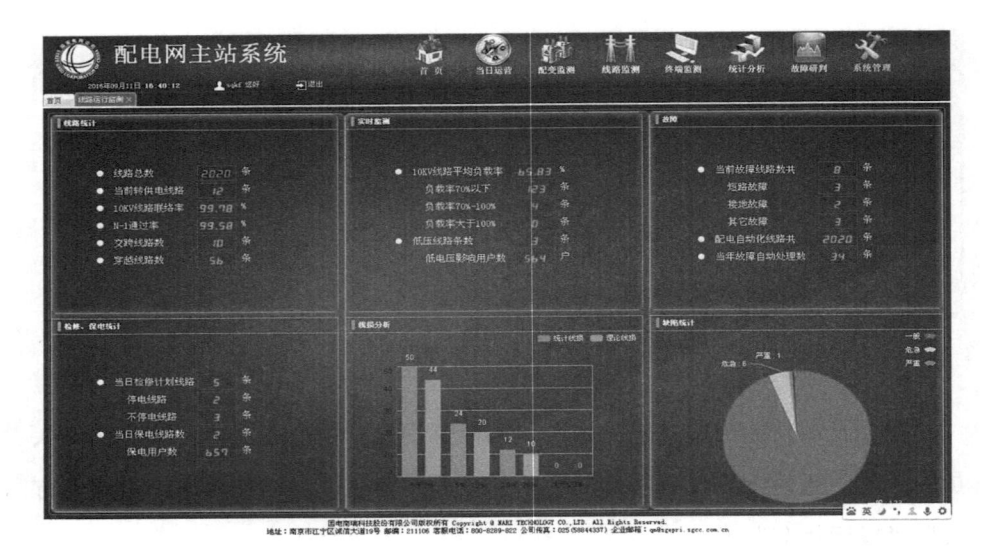

图 2-27 Web 服务界面

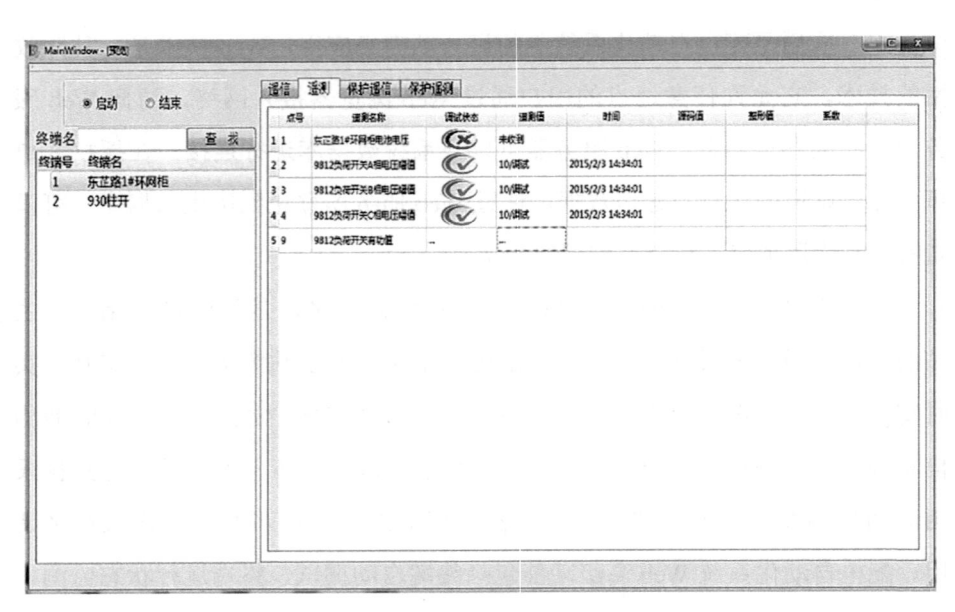

图 2-28 Web 服务—终端自动调试界面

五、Ⅳ区主站技术管理与提升

（一）建设背景

基于公司"十三五"配电网智能化规划以及配电自动化建设实施需求方案，依照《配电自动化建设实施指导意见》（运检三〔2017〕6号），根据国网运检部建设"两系统一平台"新一代配电自动化主站试点任务要求，以"做精智能化调度控制，做强精益化运维检修，信息安全防护加固"为目标，基于新一代主站系统架构，采用大数据、云计算技术，国网公司在杭州公司开展一体化新一代配电主站系统建设试点工程。浙江公司在试点工程基础上全面推进全省各地市公司新一代配电主站系统的建设工作。

（二）系统特点

1. 系统简介

从2010年开始，浙江公司完成智能公变监测系统、智能总保监测系统、配电在线监测系统等三套面向配电网领域的省级部署的信息系统的建设。2018年依据浙江公司"两系统一平台"建设项目要求，将三套系统进行全面整合，打造了国网首套标准云架构的新一代配电自动化Ⅳ区主站，实现了配网设备全寿命周期管理、配网故障一体化综合研判、配网运行指标分析统计等实用化应用，有效提升了配电网智能运维管理能力。

近年来，浙江公司配电专业自动化方向发展，以配电侧营配调融合、源网荷储智能管控及协调互动应用为引领，积极参与新型电力系统各示范项目建设，打造完成了"配网感知即插即用、低压台区智能自治、站房数字设备主人、光储充多元互动"等高级应用，全面支撑浙江公司配网侧数字化业务。

目前，浙江公司配电自动化Ⅳ区主站已接入四大类终端、十大类末端感知设备总计 76 万余台,日均数据传输达 2.02 亿条,数据采集完整率平均达 98% 以上,已实现可覆盖配网全域关键节点的运行状态秒级监测、15min 数据周期采集,可为浙江全省配电网运行管理、故障研判定位、优化分析决策提供有效数据支撑。

依托浙电云平台,在传统配电主站基础上,融合了具有统一模型、数据贯通、物联管理等特点的新型配电云主站。系统应用了云计算、大数据、人工智能等先进技术,完成了物联网架构下的配网感知业务全面云化,以云平台、大数据平台为土壤,实现对计算资源、存储资源、网络资源的统一调度和弹性分配,并结合电网资源业务中台与配电物联管理平台,达到配电网设备开放互联、灵活应用、智能决策的目标。主站按照变电站、配电线路、配电变压器、低压回路四个层级进行配电设备运行监测,构建了新能源场景下的高级管理业务,实现了配网运行全流程管理、全数据采集、全环节的设备状态监测及配网故障综合定位研判,对内支撑配网感知、运行监控、状态管控、设备维护等业务,对外支撑调控运行、生产抢修、状态检修、规划建设等领域。

2. 系统特性

(1)实现多类型设备接入

目前Ⅳ区主站已经接入各类配网监测终端 50.2 万余台、物联网融合终端 4.2 万余套,还接入包括漏保、末端感知终端(LVTU)、智能电容器在内的各类监测设备 18.9 万余个。

(2)海量信息智能感知

全配网数据采集量超过 340TB,实现从变电站 10kV 出线到 380V 用户智能表计监测覆盖,接入了 DTU、中压智能开关、故障指示器、TTU、物联网终端、智能总保等多类型设备,结合电网资源业务中台构建了动态数字电网,实现了配网运行监测与状态分析。

（3）高效业务信息交互

按照国网的标准技术规范完成了信息管理大区的主要功能，并在Ⅳ区主站的基础上扩展了配电网运行状态管控功能，在Ⅰ/Ⅳ区相互贯通的同时，实现了配、调数据集成，完成了"站、线、变、户"数据一体化，提高了配网故障分析与定位的准确性，使配电自动化由常规配网调控专业应用提升为对配电全专业的支撑。

（4）贯穿Ⅰ/Ⅳ区的故障综合研判

结合Ⅰ区、Ⅳ区、调度、用采跨区/跨系统的实时、准实时的各类告警信息，开展配网故障综合研判，并利用研判结果提升配网主动抢修成效，实现故障位置精准定位、停电信息精准发布。

（5）基于边缘计算的低压自动化

以Ⅰ/Ⅳ区跨区采集、告警信息为基础，依托新一代智能配变终端边缘计算能力，将配电台区的智能设备监测数据在本地集中处理，开展配网故障综合研判、接地故障多特征合判等高级功能，同时依托总部在浙江开展的智能电表支撑配网运维试点项目，利用物联网分布式边缘计算进一步向全面覆盖配变、低压线路和用户的低压自动化延伸。

（6）新能源运行管控能力拓展

依托对光伏、储能、充电桩、柔性直流等装置的运行监测与管控，拓展对电力新能源运行的管控手段，采用台区大管家、区域能源运行监视、多种新能源应用专题开展对新能源入网和供需调度情况的在线监视，以策略配置中心编制的预置策略下发实现多种能源调控策略的就地应用，进一步提升配网管理水平。

（三）系统架构

配电自动化Ⅳ区主站目前物理部署分散在宁波机房、临平机房、省公司机房。宁波机房主要部署微服务、微应用，以及光伏档案整合、应急指挥实时量测等少量实时计算作业；临平机房主要部署 Hadoop 大数据集群、前置集群；省公司机房部署内网安全接入平台、配电安全接入平台等网络安全设备。系统部署现状如图 2-29 所示。

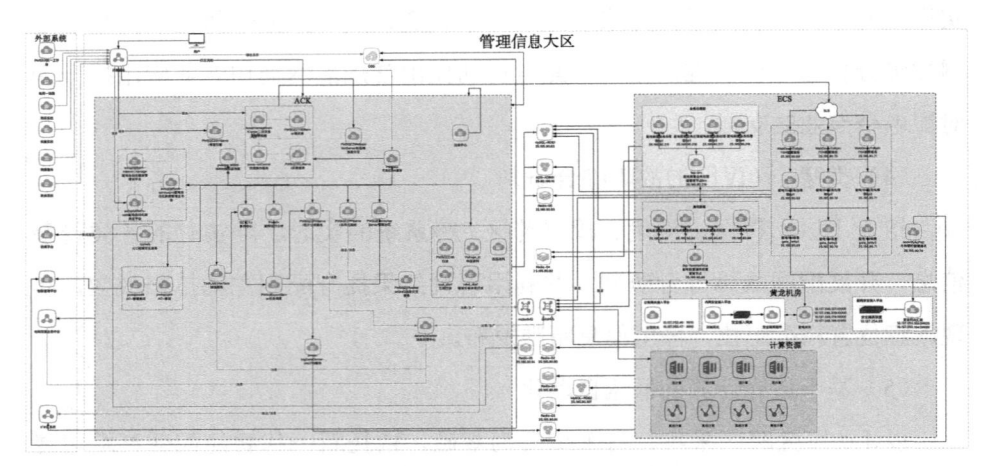

图 2-29　配电自动化Ⅳ区主站物理部署图

（四）数据架构

配电自动化Ⅳ区主站服务于省、地、县各级运检及调控人员，主要承担配网数据采集、存储、分析、应用与展示功能，结合采集数据，进行配网设备准实时状态监控、故障研判、异常分析。其数据架构包含存储架构、计算框架、数据流转三个方面。

1. 存储架构

使用 TableStore 存储量测明细数据，并基于 MaxCompute 离线数仓开展离线计算、统计分析。

① 关系型数据库：主要存储二次设备台账等基础台账信息，应用报表数据、分析结果数据以及其他业务数据。

② 内存数据库：用于缓存设备台账、量测基础信息、最新事件等，分析

计算所需的、实时性要求高的数据亦缓存至内存数据库，支撑实时数据处理及相应应用。

③ 实时库：全环节量测数据，以及经业务分析生成的事件等数据存储至 TableStore，构建实时查询服务。

④ 历史库：实时量测数据归档至离线数仓 MaxCompute，基于此可开展业务数据的离线统计分析。

⑤ 非结构化数据库：在线监测谱图文件、智能图像识别的缺陷图片等非结构化数据存储至非结构化数据库。

⑥ 分析型数据库：基于 ADB 数据组件，对数据进行在线统计、在线分析、多维度查询等发掘量测数据价值。

2. 计算框架

以构建计算、存储、作业三大核心管理为基本目标，实现实时作业、离线作业、分析作业，实现实时、离线计算算子库的建设，形成数据主题明晰的存储管理体系。

（1）实时计算

充分考虑多数据源的支持、参数化的配置、读写的透明，将复杂算法插件化，并自定义逻辑，基于禾城云，使用 Blink 实时计算框架实现实时作业的改造。

（2）离线计算

基于 MaxCompute 大规模存储能力，数据按照分布式、多副本冗余存储的方式，按需存储。

基于 MaxCompute 多种计算能力，开展离线计算作业的适配改造。选择语法高度兼容 Hive 的 MaxCompute SQL，灵活高效地实现统计分析算法的研发；同时，基于 Spark on MaxCompute 解决方案，实现离线计算作业的快速适配迁移。

（3）分析计算

针对现存复杂实时查询、实时数据分析作业，以高并发交互式查询秒级响应为基本要求，通过 ADB 实现原 Gbase 分析计算作业的全替代。

3. 数据流转

一四区配电自动化主站作为自动化系统，保持数据贯通，形成配电网整体监控管理。通过配电自动化入库作业实现对实时量测数据的存储；通过实时计算作业对数据进行治理、分析，支撑事件中心的建设；通过 MaxCompute-spark 开展业务的离线计算分析，支撑指标等业务的建设。

（五）业务架构

配电自动化主站整体业务基于 PMS3.0 总体业务蓝图建设，依托光纤及无线专网接入配电中低压领域内现场二次设备电气遥测、遥信以及动环业务数据，经数据采集、数据处理、数据实时及离线业务分析后，基于电网资源业务中台开展配电自动化基础及专题业务应用，业务涵盖配电网二次设备运维管理、配电网运行状态监控、配电图模管理等，进一步为配电工程作业、配电运维作业、配电监测业务、配电检修以及抢修作业提供业务支撑。

在配网管理业务中，配电自动化主站二次设备运行管理、配电状态业务监测、信息计算分析，为供电服务指挥平台配电抢修、检修、工程作业提供业务服务支撑；在营销管理业务中，配电自动化主站提供公变终端采集信息，为用电信息采集系统计量以及台区线损管理提供数据支撑；在调度管理业务中，配电自动化主站提供配电馈线单线图、环网图、站间联络以及站室图提供成图服务支撑；在互联网移动业务中，配电自动化主站为移动作业指挥提供设备资产信息、配电状态检测及运行管理信息支撑。系统业务架构如图 2-30 所示。

第二章 配电自动化主站的数字化建设

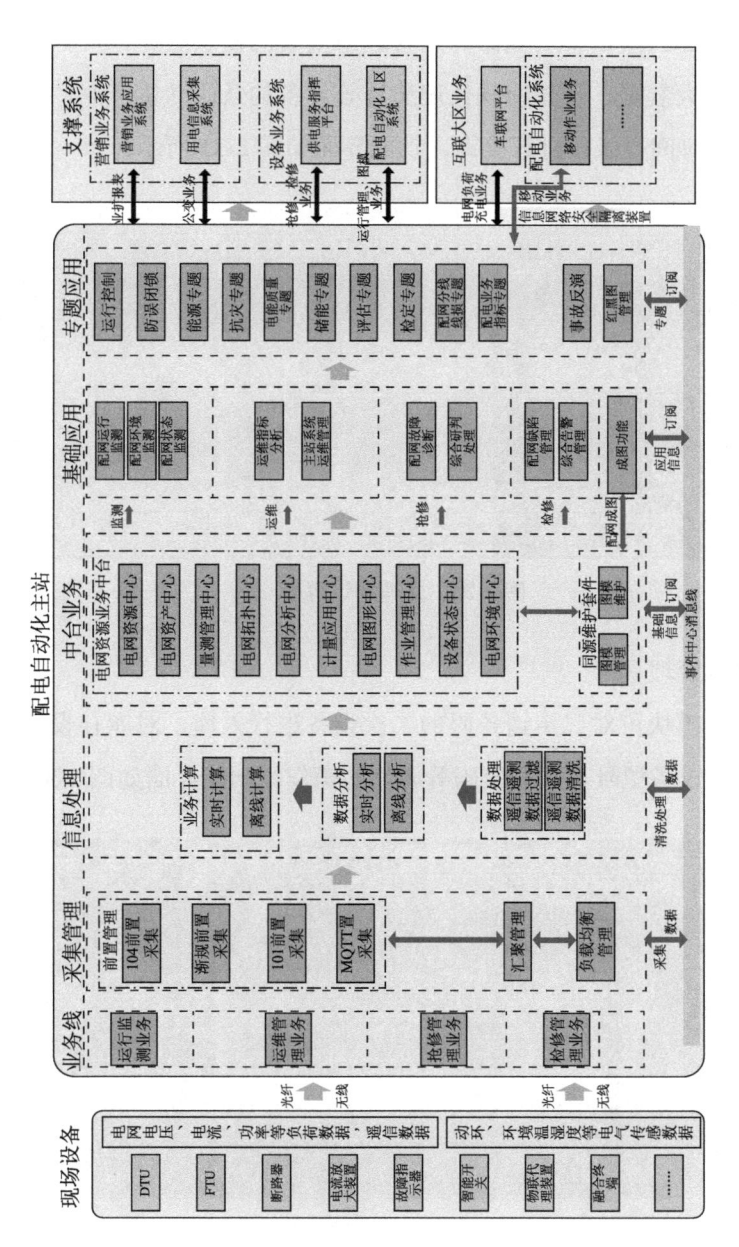

图 2-30 配电自动化Ⅳ区主站业务架构图

（六）应用模块

1. 全寿命周期

（1）条码管理

条码管理是二次设备全生命周期管理中重要的模块之一，可生成智能开关、小电流放大装置、智能物联代理装置等设备的条码（资产），也可按设备类型、申请时间等条件进行查询，功能界面如图2-31所示。

图 2-31　条码申请界面

（2）物料管理

物料管理模块可对已申请条码的二次设备进行入库，对库存设备进行单位调配，修改设备型号、高级密码等属性的操作，功能界面如图2-32所示。

图 2-32　物料管理界面

第二章 配电自动化主站的数字化建设

（3）装置安装

可对总保、小电流放大装置、电缆故障指示器等配网设备进行安装操作，功能界面如图 2-33 所示。

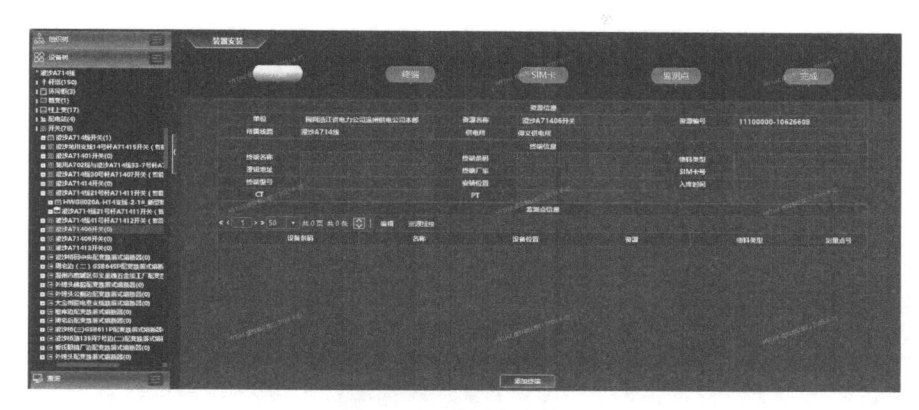

图 2-33 装置安装界面

（4）设备调试

可对安装、更换后的二次设备（三遥 DTU、三遥 FTU 除外），在自动调试失败时启动手工调试操作，功能界面如图 2-34 所示。

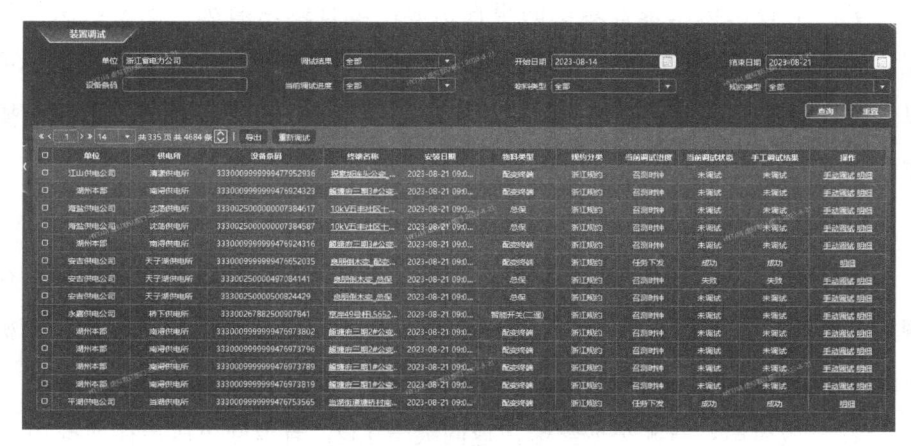

图 2-34 设备调试界面

（5）设备拆除

可对总保、小电流放大装置、电缆故障指示器等配网设备进行拆除操作，功能界面如图 2-35 所示。

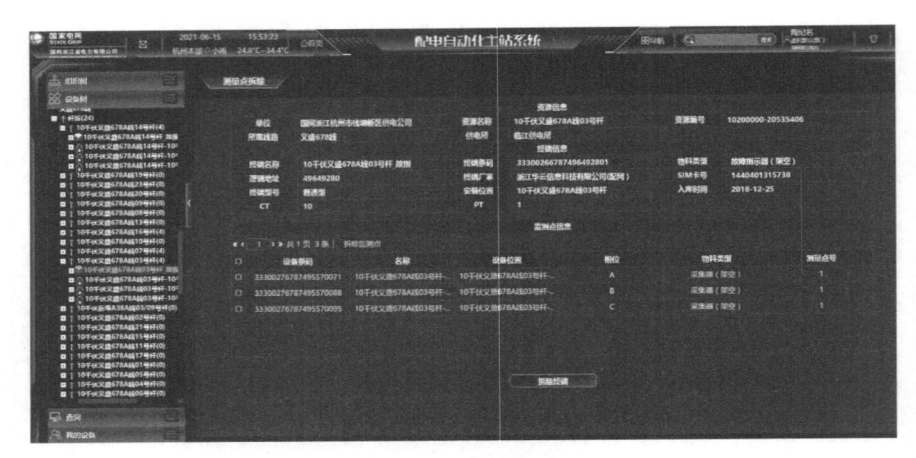

图 2-35　监测点拆除界面

2. 配网故障

（1）事件中心

事件中心模块汇聚各系统的事件信息，进行数据清洗、模型转换等处理，生成统一模型的告警、异常、预警信息，然后进行保存和消息推送，可以通过订阅消息实时获取相关信息，实现应用查询、改变事件状态等有关操作，功能界面如图 2-36 所示。

1）公变停电生成规则

① 有效停电：公变终端上送停电告警，系统下发召测设备 C 相电压，在规定时间内返回电压小于 132 则生成有效停电；召测终端电压未返回，随机召测两户低压用户，返回小于 132 的，同样为有效停电。

② 无效停电：召测公变终端，返回大于 132，且返回电压后往前推 3min 系统未接收到复电告警则生成无效停电；召测终端电压未返回，随机召测两户低压用户，返回大于 132 的，同样为无效停电。

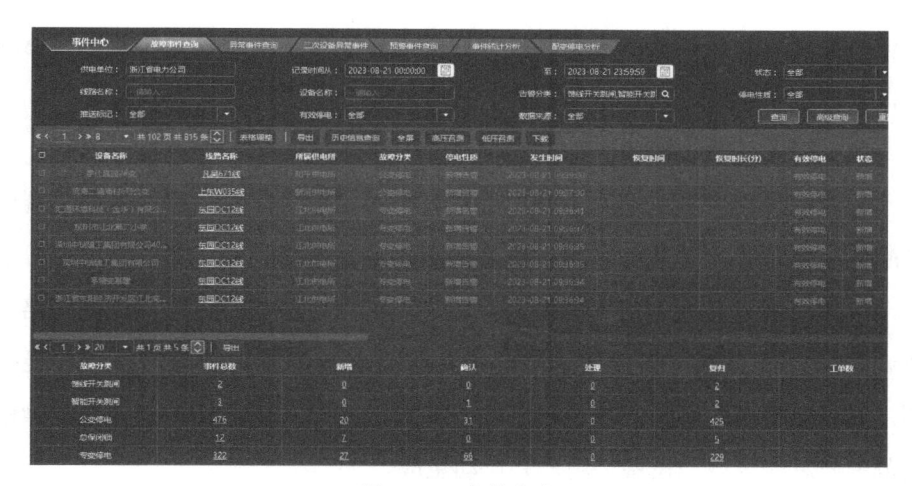

图 2-36　事件中心

③ 疑似停电：上送停电后，触发线路补全机制，召测同线路下其他公变的 C 相电压，返回大于 132 的不生成停电，或召测终端电压未返回，随机召测两户低压用户，返回大于 132 的同样不生成停电，若返回超时则生成疑似停电。

④ 瞬时停电：告警里的复电时间和停电告警的停电时间差，小于 3min 的生成瞬时停电。

⑤ 有效停电延迟：告警里的复电时间和停电告警的停电时间差，大于 3min 的生成有效停电延时。

2）公变复电生成规则

① 终端上送复电报文。

② 在复电报文上送前接收到公变终端登录报文，将自动生成复电事件（终端复位可上送登录报文）。

③ 当接收到公变复电报文时，对发生过停电线路分析的停电公变进行召测，确认是否已经复电。

④ 若未上送登录以及复电报文但该终端上送任务报文，系统会依据负荷数据生成复归时间。

复归补充说明：公变停电复归时间（非恢复时间）事件优先级别为：

复电报文复电＞终端登录报文复电＞线路分析复电。没有登录和复电的情况下，若有负荷数据，则取负荷数据作为复归时间。

（2）配网故障研判

配网故障研判模块是基于配电终端各类遥信信号，合并配变停电、调度（配电）自动化开关故障跳闸、线路故障指示器短路告警、集中器停电等事件，集成配网设备地理信息和拓扑等信息，应用事件校验策略、过滤策略、研判策略及信息源可信度级别，开展基于动态数据驱动的故障综合智能研判，通过对现场故障情况的快速仿真，实现故障设备位置初步定位、故障停电范围信息（区域、设备、用户）自动生成。

3. 智慧站房

（1）站内监测

站内监测模块主要展示该站智能运营时长、站内设备统计、实时告警列表、实时视频、当日自主巡视概况以及各类监测数据，设备主人可通过此看板查看设备信息、设备状态、环境监测等数据，功能界面如图 2-37 所示。

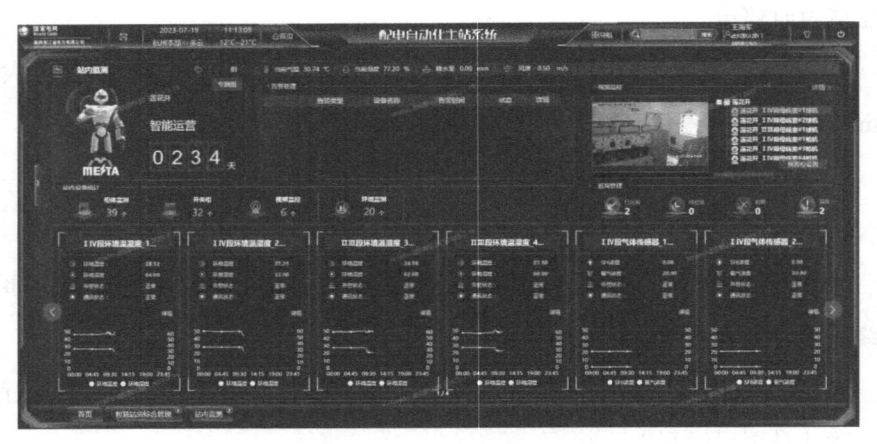

图 2-37　站内监测界面

（2）智慧站房综合平台

智慧站房综合平台分为管理者视角以及运营者视角，管理者视角可查看站房内分布传感器的数量以及实时告警、设备在线等数据；运营者视角可查看站房内的配电站房的建设情况、巡视概况等，并且通过告警监测查询详细的故障信息，功能界面如图 2-38 所示。

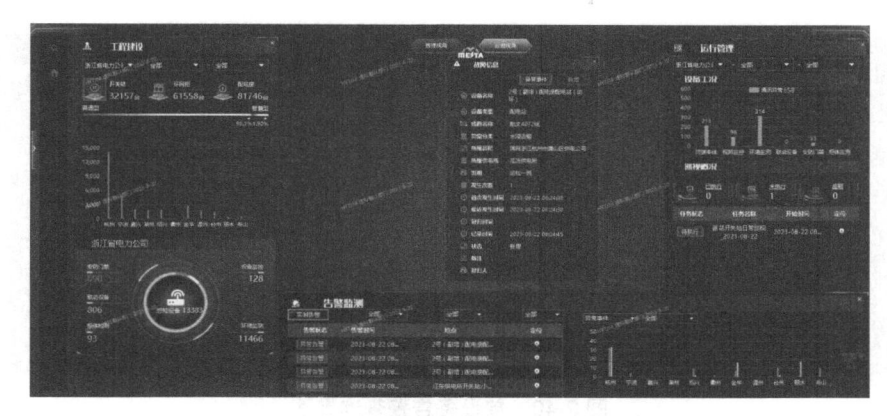

图 2-38　智慧站房综合平台（运营者视角）

4. 数据展示

（1）单设备数据查询

可对故障指示器、公变终端、小电流放大装置等二次设备数据进行查询，可以通过对资源编号、资源名称等条件进行过滤来查看相关采集数据信息息，功能界面如图 2-39 所示。

图 2-39　单设备数据查询界面

（2）单设备告警查询

可查看单个终端（公变、故障指示器等）在统计或自定义周期内的告警上送情况，功能界面如图 2-40 所示。

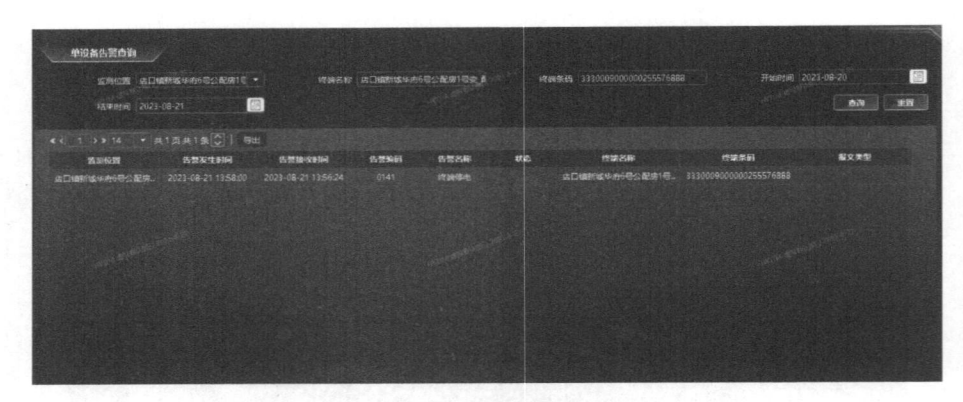

图 2-40　单设备告警查询界面

（3）数据召测

可对各类设备终端的遥测数据进行召测，包括公变、线路、小电流放大装置、故障指示器等终端的数据项，并展示召测结果，功能界面如图 2-41、图 2-42、图 2-43 所示。

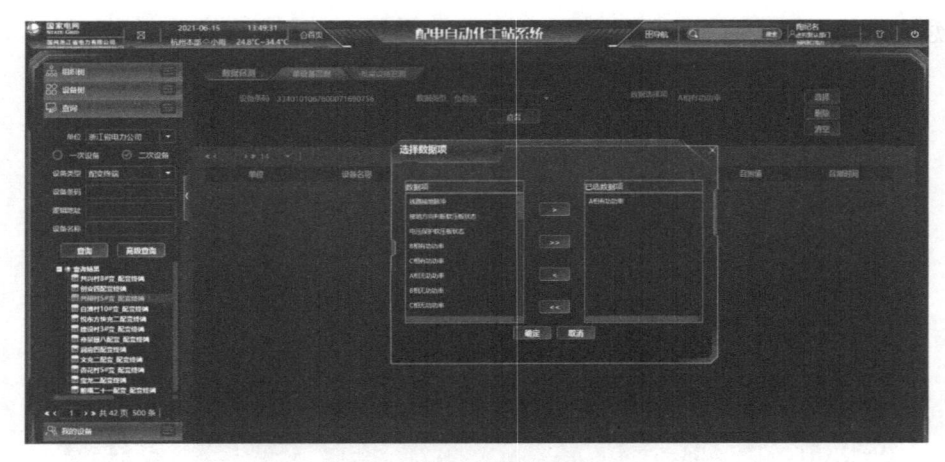

图 2-41　数据召测界面

图 2-42 数据展示界面

批量数据召测：可对选定单位的某类型设备的数据项进行批量召测。

图 2-43 批量数据召测界面

5. 指标管控

（1）配电自动化指数提升

1）提升指数

配电自动化提升指数作为配电网自动化建设提升的重要指标，结合配电网上各一二次自动化设备建设覆盖情况（DTU、三遥智能开关、二遥智能开关、故障指示器等）、自动化设备运行情况（终端在线情况及数据上送情况）、自动化设备应用情况（包括FA启动情况，以及各开关动作正确情况）。作为总体指标进行各地市县公司的自动化实用化建设应用情况的展示，功能界面如图2-44所示。

图2-44 提升指数管理界面

2）覆盖指数

覆盖指数作为反馈自动化设备建设、设备推广覆盖的最直观指标，可直观体现各地区电缆线路及架空线路自动化建设现状，按照当前指标，可明显查看到各地区电缆线路的自动化建设情况明显超前于架空线路的自动化建设情况，功能界面如图2-45所示。

3）运行指数

运行指数主要体现各二次设备运行情况，主要包括配电自动化一区主站接入的三遥设备的在线情况（包含三遥DTU和三遥智能开关的在线率）以及配电自动化四区主站接入的二遥自动化设备数据采集情况（包括二遥智能开关、故障指示器、公变终端的一次采集率），功能界面如图2-46所示。

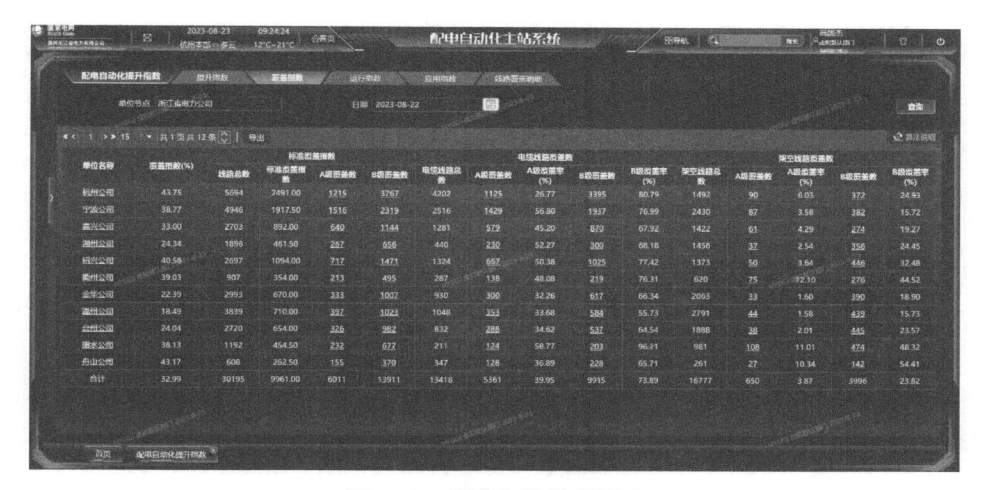

图 2-45　覆盖指数管理界面

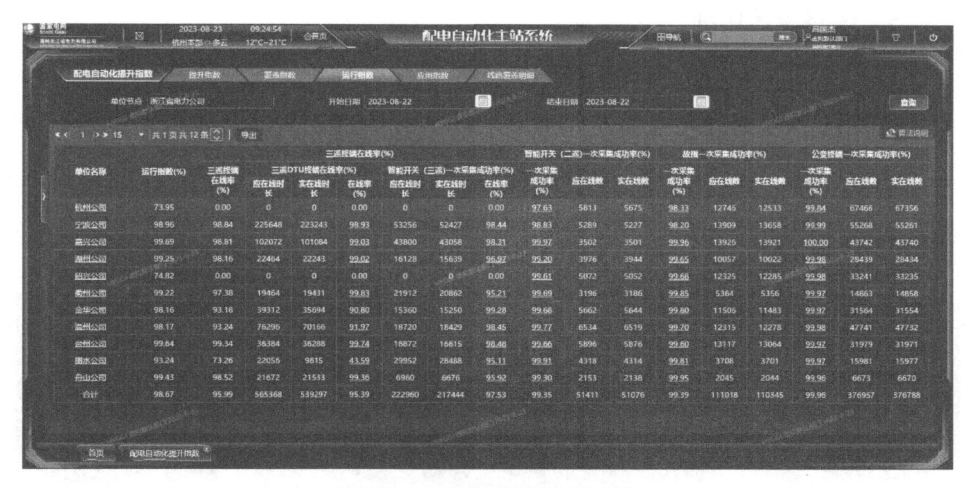

图 2-46　运行指数管理界面

4）应用指数

应用指数主要展示了馈线自动化的投入运行情况以及终端参与遥控的应用情况，是省公司重点考核的指标之一，功能界面如图 2-47 所示。

图 2-47 应用指数管理界面

5）线路覆盖明细

线路覆盖明细作为覆盖指数的明细模块，主要用于各地市县公司用户进行所管辖的各条馈线覆盖情况查看，明确各线路建设情况及是否完成指标，并参考"一线一册"方案，对每条线路未覆盖原因进行分析，形成补足方案，功能界面如图 2-48 所示。

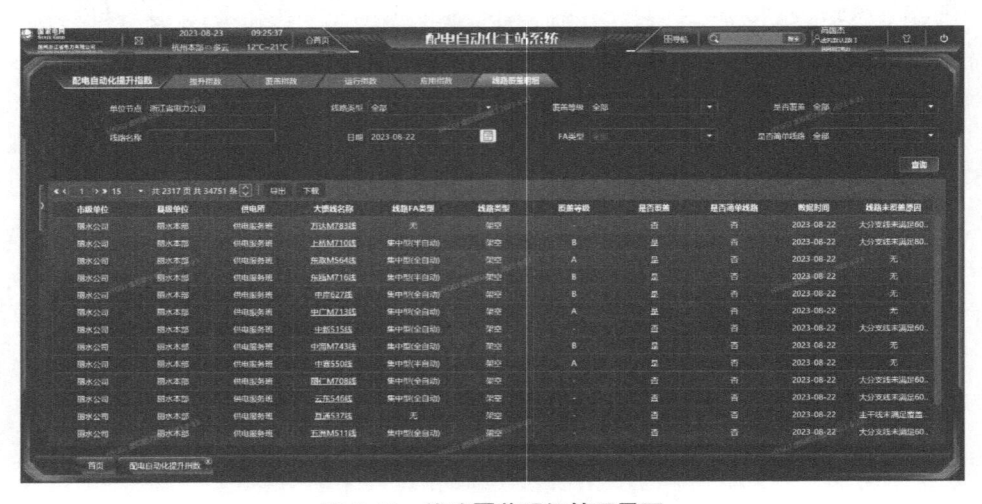

图 2-48 线路覆盖明细管理界面

（2）实用化管控指数

实用化管控指数是省内一四区贯通的核心指标模块，页面包含一区管控指标、四区管控指标、信息贯通指标、综合应用指标、指标文件核查等五个子页面，可查询一四区数据贯通情况，功能界面如图 2-49 至图 2-53 所示。

图 2-49　Ⅰ区管控指标界面

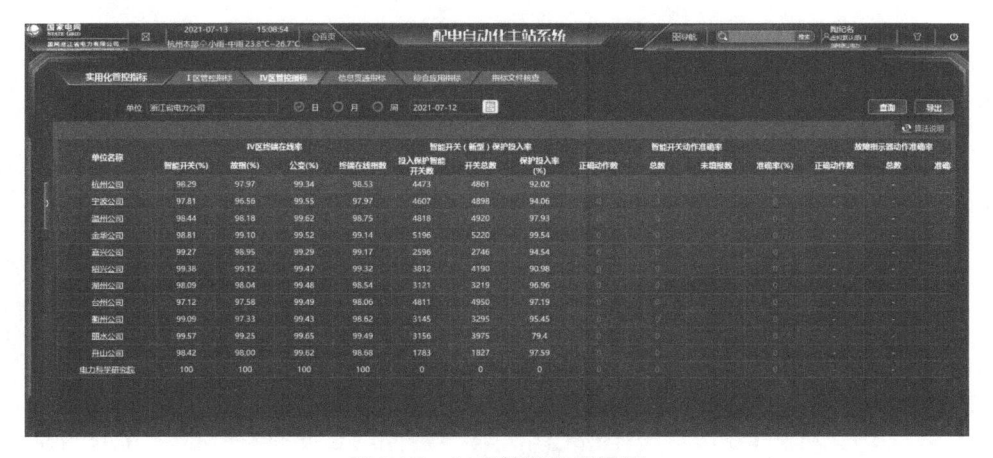

图 2-50　Ⅳ区管控指标界面

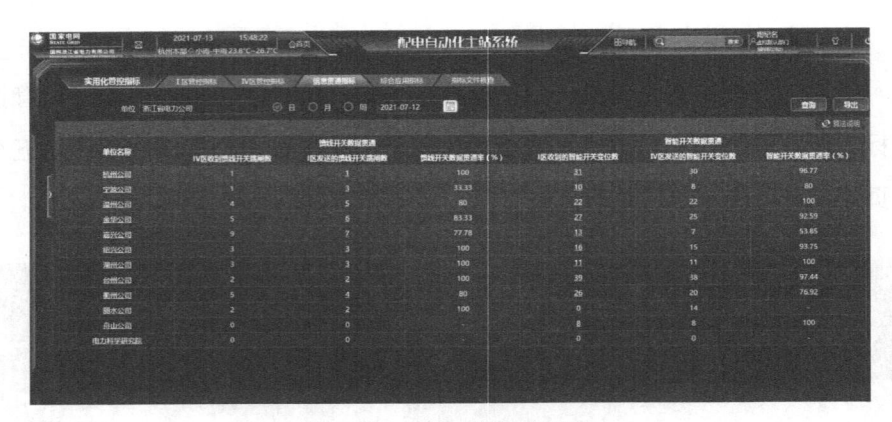

图 2-51　信息贯通指标界面

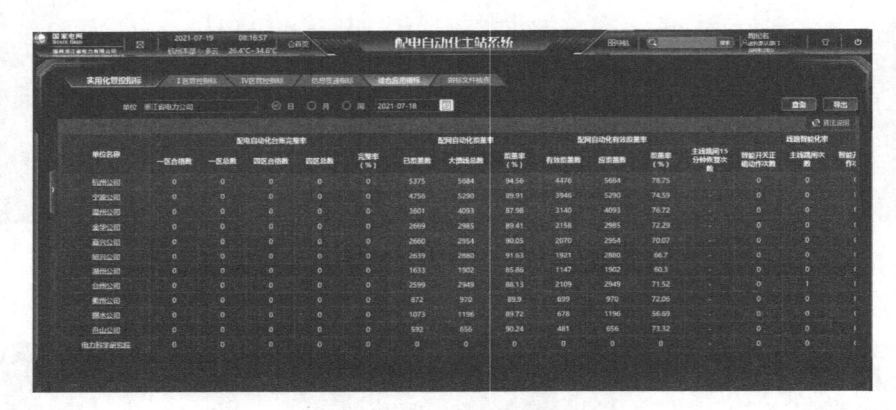

图 2-52　综合应用指标界面

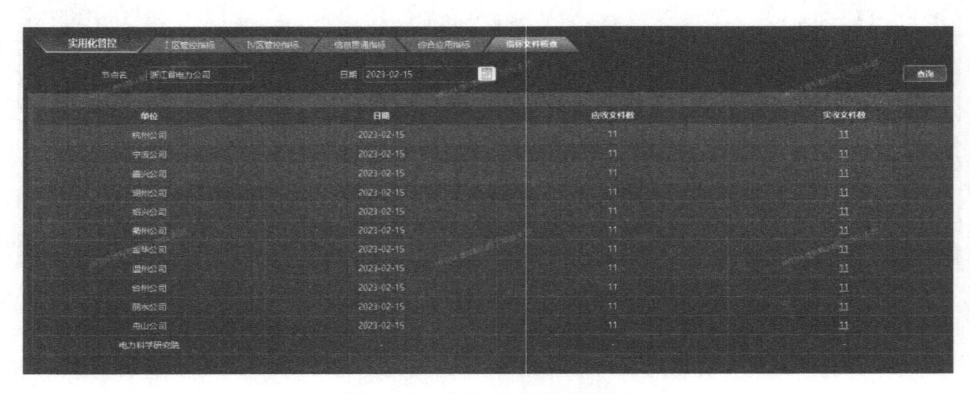

图 2-53　指标文件核查界面

子页面功能如下。

① Ⅰ区管控指标：统计Ⅰ区相关指标，包括三遥 DTU 在线率，遥控、FA 启动率，FA 投入率。

② Ⅳ区管控指标：统计二次设备在线以及智能开关保护投入情况。

③ 信息贯通指标：统计Ⅰ/Ⅳ区发送以及接收的开关跳闸数量。

④ 综合应用指标：统计配电自动化台账完整率、覆盖率以及有效覆盖率等。

⑤ 指标文件核查：通过一区传送的文件查看相关指标的数据。

（3）一次采集完整率

一次采集完整率作为配电网自动化建设最早期的指标模块，展示了公变、故指、总保、智能开关、小电流放大装置遥测数据的一次采集情况，同时也是日常采集数据核对工作的常用模块之一，功能界面如图 2-54 所示。

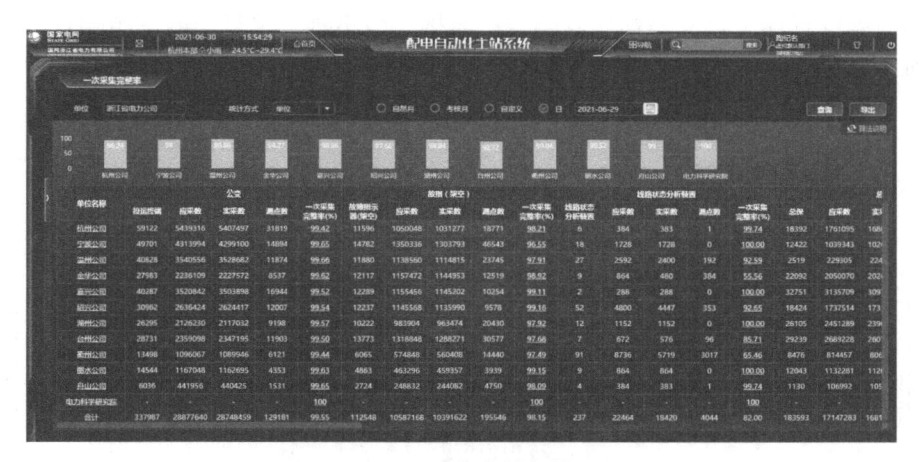

图 2-54 一次采集完整率管理界面

六、Ⅰ区与Ⅳ区主站贯通技术提升

（一）技术方案背景

依据《"数字浙电"专业任务清单》（简称"数字浙电"）中的第 22

项建设任务"设备专业在运系统融合演进"目标开展"配电自动化系统Ⅳ区禾城云迁移与架构优化"及第 24 项建设任务"完善配网线路智能自愈场景"要求完成配电自动化系统Ⅳ区大数据底座改造与应用架构演进，数字浙电工作要求基于禾城云开展应用架构升级，优化Ⅳ区主站整体业务链路，缩减中间环节，提高数据处理、存储和传输的效率，通过完善底层架构提升系统的安全性和稳定性，提升Ⅰ—Ⅳ区贯通能力，将Ⅳ区感知数据与Ⅰ区主站感知数据合并存储与统一应用，特制定本方案。

制定两区（Ⅰ区与Ⅳ区）主站技术提升目标是为了确保两区主站对配电网结构描述的一致性，实现图形连接和电气拓扑模型的数据交互与共享，奠定两区业务协同的基础，提升管理水平，实现Ⅰ区电网实时（历史）运行信息和故障信息的数据共享，支撑Ⅳ区主站故障综合研判等业务的应用，支撑配网运维管控平台等运检业务应用，实现"两系统一平台"的数据融合，实现一线人员一次录入，全程共享。

（二）整体架构

1. 系统架构（见图 2-55 和图 2-56）

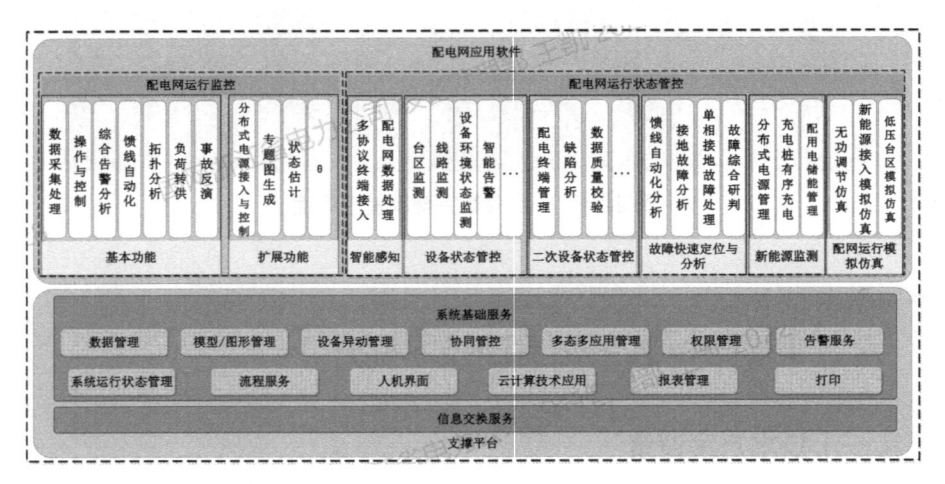

图 2-55　配电自动化Ⅰ区与Ⅳ区主站贯通系统架构

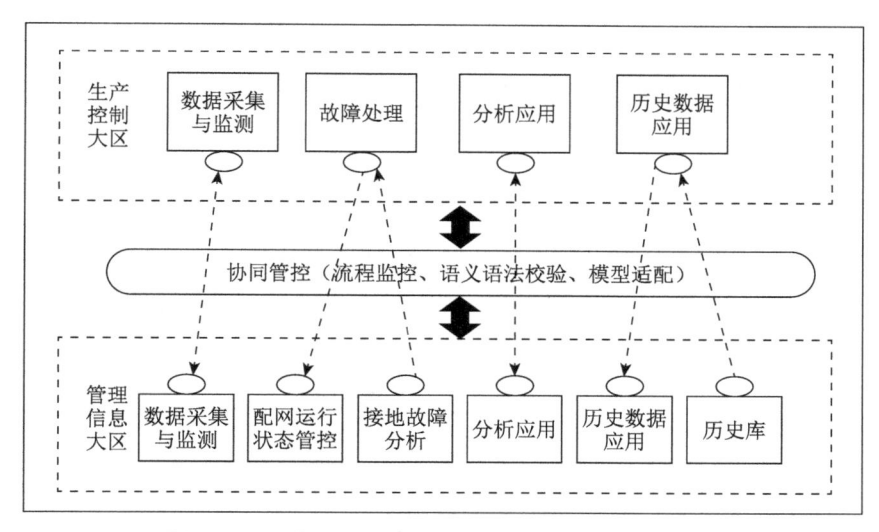

图 2-56 配电自动化Ⅰ区与Ⅳ区主站协调管控示意图

2. 贯通链路架构（见图 2-57）

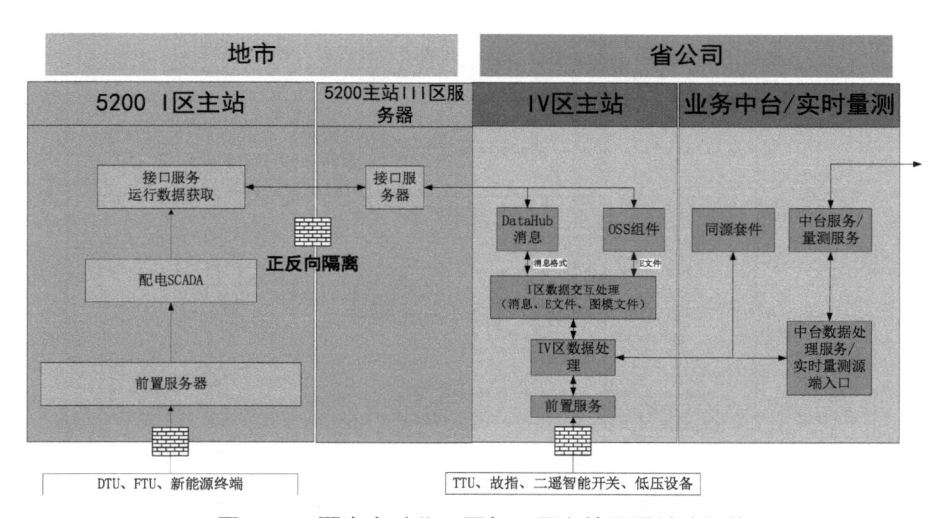

图 2-57 配电自动化Ⅰ区与Ⅳ区主站贯通链路架构

3. 提升前架构

（1）台账提升前架构（见图 2-58）

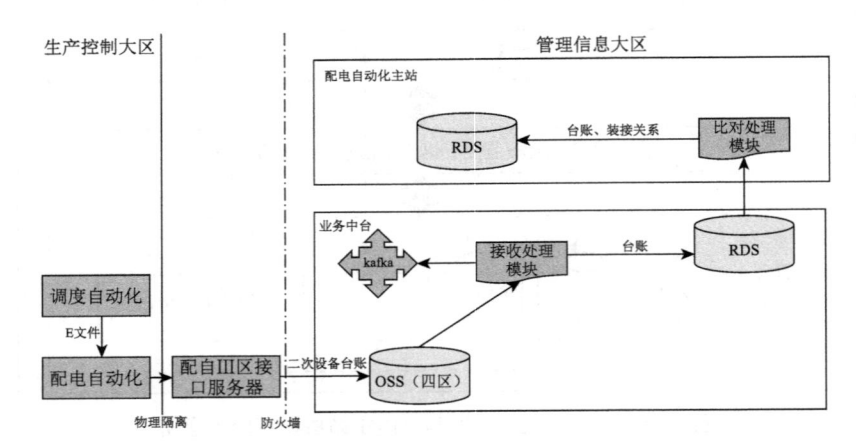

图 2-58　配电自动化Ⅰ区与Ⅳ区主站贯通台账提升前架构

（2）量测提升前架构（见图 2-59）

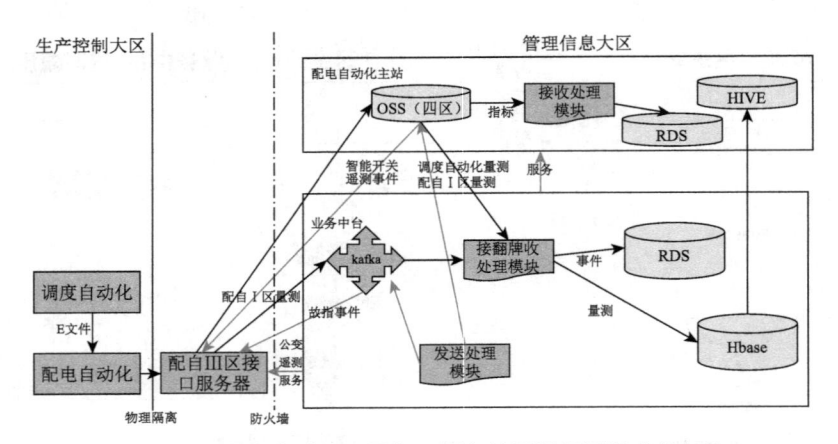

图 2-59　配电自动化Ⅰ区与Ⅳ区主站贯通量测提升前架构

4. 提升后目标架构

（1）台账预期架构图

依照后续二次设备同源改造方案后进行明确。

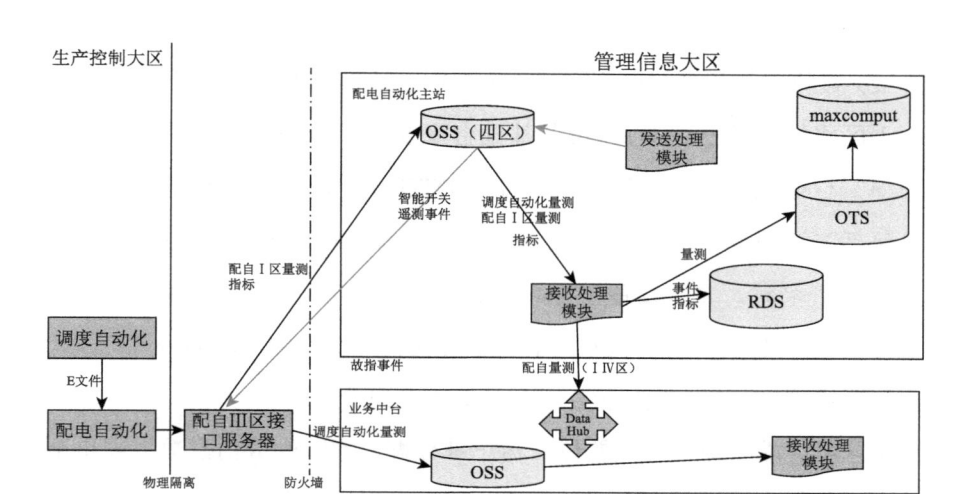

（2）量测预期架构图（见图2-60）

图 2-60　配电自动化 I 区与 IV 区主站贯通量测提升后目标架构

（三）I、IV 区交互需求

1. I 区同步至 IV 区功能需求

配网运行数据交互（DTU/三遥智能开关/FTU遥信与遥测/保护信号）配自 I 区将采集的配网遥测遥信等电网运行数据同步贯通至 IV 区。交互内容包括DTU及智能开关采集的三相电压、电流、线电压、有功无功等，以及突发的告警信息，包括开关分闸等。遥测数据分 5min 断面和实时两种模式：5min 断面用于生成表格、曲线等分析功能；实时断面数据不存储，仅用于实时数据调配。交互方式为 DataHub；交互频度应为 5min 断面/实时。

（1）主网运行数据交互

I 区将主网事故信号（包括 220kV 及以下主网断路器、10kV 馈线开关等）按实时交互的方式推送馈线开关事故（分、合闸）信号、开关遥信数据按实时交互的方式推送，馈线开关遥测数据按 5min 断面交互的方式推送，并对上述主网的相关数据予以优化补全，将主网变电站母线接地事故信号按照实时交互的方式进行推送。交互方式为对象存储 OSS+E 文件，交互频度应为实时 /5min 断面。

（2）配网二次设备台账交互（含 DTU/ 三遥智能开关 /FTU）

Ⅰ区将接入的三遥 DTU 设备基础台账及其监测的开关清单、智能开关（三遥）台账同步贯通至Ⅳ区。主要为 DTU 和智能开关的全量台账文件交互，包括二次设备 ID、名称，关联的一次资源 ID（统一采用电网资源业务中台 ID）、名称，二次设备类型，设备基本属性，设备投运日期等；应对台账进行优化；交互方式为对象存储 OSS+E 文件，交互频度应为每天。

（3）终端投退、开关置位、挂（摘）牌信息交互

Ⅰ区将终端投退、开关置位、标志牌数据，实时生成信息数据同步至Ⅳ区。主要包括终端投退明细；开关置位情况；一次设备、牌类型，操作人等信息。交互方式为 DataHub，交互频度应为实时。

（4）全停全转数据

Ⅰ区将线路名称、全停全转编制预案明细推送至四区。交互方式为对象存储 OSS+E 文件，交互频度为每天。

（5）FA 数据

Ⅰ区将需要启动次数，成功、失败明细，增加失败类型的数据推送以及推送已投 FA 线路的 FA 仿真记录台账进行推送。交互方式为对象存储 OSS+E 文件，交互频度为每天。

（6）实用化数据交互

Ⅰ区实用化等统计指标文件打包交互至Ⅳ区，内容包括Ⅰ区实用化等统计指标文件交互，包括事故信息、控制方式（FA 类型）、FA 动作记录、晨操记录、遥信闭锁情况、分合闸告警记录、终端在线率、遥控成功率、遥控使用率、遥控正确率、遥信正确率等指标文件，作为配电自动化相应考核指标使用。交互方式为对象存储 OSS+E 文件，交互频度应为每天。

（7）开关定值等参数交互

主要是接入Ⅰ区的智能开关设置的定值、DTU上对应一次开关定值数据。定值参数包括过流保护、接地保护、重合闸、分段点功能、环网点功能等保护启停情况以及正反向接地过流保护的整定值。交互方式可随台账交互。交互方式为对象存储OSS+E文件，交互频度需为每日定时。

Ⅰ区同步至Ⅳ区功能需求汇总如表2-3所示。

表2-3　Ⅰ区同步至Ⅳ区功能需求汇总表

序号	数据类型	原交互方式	原交互频率	目标交互方式	目标传输频率	改造需求
1	DTU/三遥智能开关/FTU遥信数据	DataHub接口	实时	DataHub接口	实时	需要进行DataHub改造，完善DTU数据
2	DTU/三遥智能开关/FTU遥测数据	DataHub接口	5min断面	DataHub接口	5min断面/实时	需要进行DataHub改造，完善DTU数据
3	DTU/三遥智能开关/FTU保护信号数据	DataHub接口	实时	DataHub接口	实时	需要进行DataHub改造，完善DTU数据
4	主网开关事故信号（RTU：变电站内开关终端）	OSS文件接口	实时	OSS文件接口	实时	馈线开关事故（分、合闸）；优化数据补全
5	主网遥信数据（RTU）	OSS文件接口	实时	OSS文件接口	OSS文件接口	优化数据补全
6	主网遥测数据	OSS文件接口	5min断面	OSS文件接口	5min断面	优化数据补全
7	主网10kV母线接地保护信号	无		OSS文件接口	实时	新增保护信号
8	主网10kV馈线开关定值	无		OSS文件接口	每天	随台账交互，每日以文件方式贯通
9	主配网设备台账（含DTU/三遥智能开关/FTU)	OSS文件接口	每天	OSS文件接口	每天	后续按照二次设备同源改造方案进行调整

续表

序号	数据类型	原交互方式	原交互频率	目标交互方式	目标传输频率	改造需求
10	配网开关定值参数交互	无		OSS 文件接口	每天	随台账交互，每日以文件方式贯通
11	终端投退、开关置位、挂牌操作数据	无		DataHub 接口	实时	需要进行 DataHub 改造，内容主要包括终端投退明细；开关置位情况；一次设备、牌类型，操作人等信息
12	Ⅰ区智能晨操记录	OSS 文件接口	每天	OSS 文件接口	每天	优化完善数据，推送晨操遥控失败明细，并入统计指标交互
13	Ⅰ区全停全转数据	无		OSS 文件接口	每天	推线路名称、全停全转编制预案明细
14	实用化指标文件	OSS 文件接口	每天	OSS 文件接口	每天	文件打包
15	Ⅰ区传 FA 启动记录	OSS 文件接口	每天	OSS 文件接口	每天	优化完善，需要启动次数，成功、失败明细，增加失败类型的数据推送
16	Ⅰ区 FA 仿真记录	无		OSS 文件接口	每天	推送已投 FA 线路的 FA 仿真记录台账

2. Ⅳ区同步至Ⅰ区功能需求

（1）智能开关遥信、遥测数据交互

Ⅳ区主站将智能开关的相应遥信数据及事件、智能开关（二遥）等二次设备的遥测数据同步至Ⅰ区。主要包括三相电压、三相电流，有功无功功率等数据；交互方式为对象存储 OSS+E 文件，针对智能开关遥信或事件数据交互频度应为实时，针对智能开关遥测交互频度应为 15min。

（2）故指翻牌事件数据交互

Ⅳ区主站将故障指示器翻牌信息同步至Ⅰ区。交互方式为对象存储 OSS+E 文件，交互频度应为实时。

（3）故指二次设备台账信息交互

将故障指示器、智能开关（二遥）两类二次设备的相应台账每日同步至Ⅰ区。交互方式为对象存储OSS+E文件，交互频度应为每天。

（4）配变停复电信息交互

Ⅳ区在配变发生停复电事件时，将相关信息以OSS文件方式主动推至云平台，利用Ⅰ区主站Ⅲ区接收程序进行处理。交互方式为对象存储OSS+E文件，交互频度应为实时。

（5）公变断面遥测数据交互

四区主站提供公变量测查询服务，支持查询全省公变的量测数据（96点负荷数据），Ⅰ区主站按需获取。数据包括三相电压、三相电流、有功无功数据。交互方式为中台提供服务。

（6）装接记录交互

三遥DTU、三遥智能开关按照省公司统一管控要求，后续将在Ⅳ区进行二次设备统一管理，若在Ⅳ区或同源进行安装，应将安装（装接记录）实时推送至Ⅰ区。交互方式为DataHub，交互频度应为实时。

（7）图模异动数据交互

四区与一区图模异动方式，按照后续二次设备同源维护安装方案明确，本方案暂无法确定。

Ⅳ区同步至Ⅰ区功能需求汇总如表2-4所示。

表2-4　Ⅳ区同步至Ⅰ区功能需求汇总表

序号	数据类型	交互方式	传输频率	改造需求
1	智能开关实时事故信号、遥信数据、遥测数据	OSS文件接口	实时/15min	—
2	故障指示器实时事故信号	Kafka方式	实时	需要进行OSS文件接口改造
3	故障指示器、智能开关台账文件	OSS文件接口	每天	—

续表

序号	数据类型	交互方式	传输频率	改造需求
4	配变实时停复电事件	OSS 文件接口	实时	—
5	公变遥测断面	应用接口服务（定制接口）	人工召测	—
6	装接记录	DataHub 接口	实时	—
7	配网图模异动	WebLogic	实时	—

第三章 中压侧终端的配网数字化建设

一、Ⅰ区终端的技术管理与提升

(一) 站所终端

1. 站所终端概述

2009 年，国网公司提出"在考虑现有网架基础和利用现有设备资源基础上，建设满足配电网实时监控与信息交互、支持分布式电源和电动汽车充电站接入与控制，具备与主网和用户良好互动的开放式 DA，适应坚强智能电网建设与发展"的配电自动化总体要求，标志着我国新的配电自动化建设拉开序幕。浙江公司积极推进配电自动化建设工作，2009 年杭州公司作为国网公司配电自动化第一批试点单位之一，建成 OPEN3200 配电自动化（Ⅰ区）主站系统，面向配电站房基于配电自动化站所终端开展智能配网建设；2010 年，宁波公司建成 OPEN3200 系统；2012 年，温州、绍兴、嘉兴、丽水公司陆续开展配电自动化建设。浙江省配电自动化建设驶入快车道。在经过了多年的建设与应用后，浙江各地市陆续开展配电自动化系统功能测试。2018 年年底，温州配电自动化系统通过国网功能测试验收；2019 年，各地市陆续开展新一代配电自动化系统功能测试，系统进入实用化阶段；2020 年，嘉兴、宁波协同调控中心完成配电自动化Ⅰ区主站交接验收，标志着配电自动化系统进入实用化新阶段。截至 2024 年 10 月，浙江省全省 11 个地市已实现配电自动化（Ⅰ区）主站系统全覆盖。其中电缆线路接入的配电自动化站所终端总计 8 万多台，架空线路接入的一二次深度融合智能开关中，仅用于监测的开关 4.9 万台，可实现遥控开关 3.3 万台。架空线路故指全覆盖，配电线路有效覆盖率 92.28%，其中架空线路有效覆盖率 84.77%，电缆线路有效覆盖率 99.78%，馈线自动化投入率 97.30%。配电自动化建设应用成效显著。

浙江省多年来持续推进配电自动化系统的建设，系统的各项功能得到了广泛应用。配网运行管理人员可利用配电自动化Ⅰ区、Ⅳ区系统实时监控配网运行状态，可快速定位线路接地或短路故障，发现配网开关负荷不平衡、SF_6 气体泄漏等异常现象，发生异常或故障时系统自动告警或处理；通过配电自动化三遥功能，配网运维人员可以远程控制现场开关状态，无须现场操作，减轻运维压力；通过 FA（馈线自动化）功能，实现故障的快速自动隔离与非故障区域的恢复供电，减少故障停电时间，缩小停电范围。2023 年 1 月至 8 月，浙江省供电可靠性为 99.9912%，故障时户数同比 2022 年下降 24%；主线非计划停运 2345 次，同比下降 19.53%；先复电后抢修指数为 61.79%，故障停电影响范围显著减小；三遥开关数 200975 台，遥控使用率 98.40%，遥控次数超过 13 万次，配网运行工作压力显著降低；配电自动化系统应用成效显著。

近年来，随着新型电力系统下配电自动化系统的不断推广和应用，产生了配网运维人员的技术技能水平与日新月异的新型电力系统新技术新理念不匹配、配网发展建设进度与日益加速的新型电力系统建设需求不一致的问题。浙江公司在新的发展形势下，面向新型电力系统持续探索新一代配电自动化系统建设，以"三层三态三策"为架构体系，聚合了分布式光伏群调群控、需求响应等子系统，分层分区进行精细化控制，做到"一平台、全数据"，统筹调控海量资源，在一平台内实现全域源网荷储资源的数字化在线监测与调用，自动调整"经济运行""快速自愈""自我平衡"三大策略，实现不同状态下的配网最佳优化运行，实现配网运维管理数智化转型，实现配网运维管理提质增效，为新型电力系统省级示范区建设提供有力支撑。

2. 站所终端的功能实现

站所终端 DTU 一般安装在常规的开闭所（站）、户外小型开闭所、环网柜、小型变电站、箱式变电站等处，通过与一次开关设备的电气连接回路（如图 3-1 所示），完成对开关设备的位置信号、电压、电流、有功功率、无功功率、功率因数、电能量等数据的采集与计算，对开关进行分合闸操作，实现对馈线开关的故障识别、隔离和对非故障区间的恢复供电，具备保护和备用电源自动投入的功能。

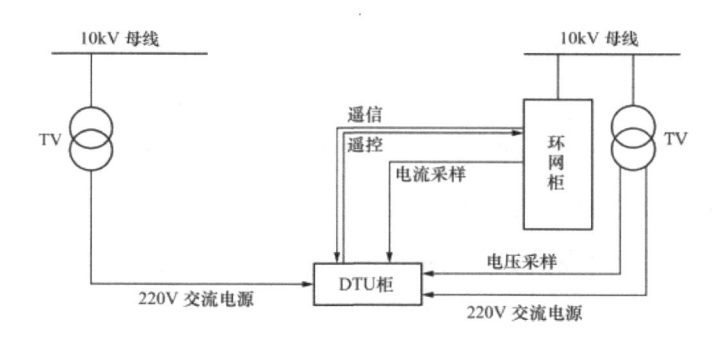

图 3-1 DTU 与站内设备的电气连接关系示意图

站所终端按照结构可分为组屏式站所终端、遮蔽立式站所终端、遮蔽卧式站所终端、户外立式站所终端等。遮蔽卧式站所终端是通过机柜横卧于开关上方的方式，安装在配电网馈线回路的环网柜、箱式变电站内部的配电终端；遮蔽立式站所终端是通过机柜与开关并列的方式，安装在配电网馈线回路的环网柜、箱式变电站内部的配电终端（见图 3-2）；户外立式站所终端是通过户外柜方式，在配电网馈线回路的环网柜、箱式变电站外部安装的配电终端；组屏式站所终端是通过标准屏柜方式，安装在配电网馈线回路的开关站、配电室等处的配电终端。

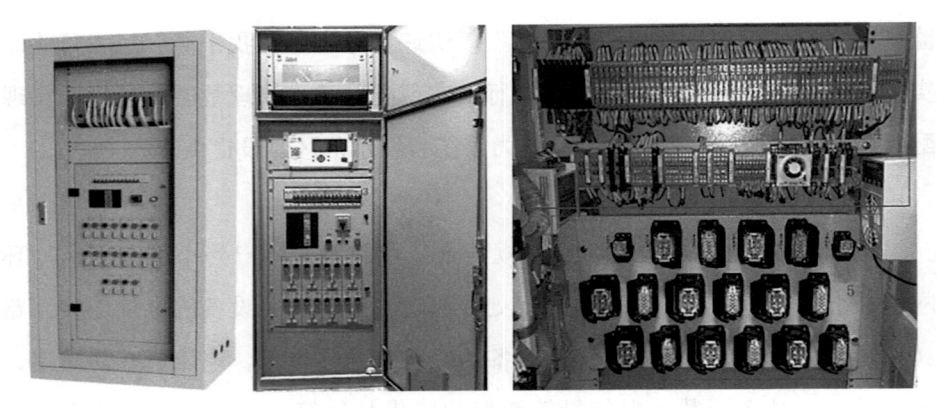

图 3-2　PDZ920 型遮蔽立式 DTU

（1）电源回路

可靠、稳定的电源系统是配电自动化站所终端稳定运行的核心，直接影响整个配电自动化系统的可靠性和功能应用效果。配电站所终端的交流工作电源通常取自线路 PT 的二次侧输出，在特殊情况下，也有部分终端采用 CT 取电方式、低压交流市电供电方式。屏柜、终端附柜内部安装电源模块，将 AC220V 转换成 DC24/DC48V，给装置供电，同时提供一次开关操作、储能、遥信电源，具备为通信设备提供电源的能力。电源模块具备无缝投切后备电源的能力，满足配电终端和通信终端的不间断供电的能力。图 3-3 为 DTU 电源回路原理图。

（2）DTU 遥测回路

遥测回路由电压、电流等一次模拟量的测量回路组成。其作用是指示或记录一次设备的运行参数，以便运行人员掌握一次设备运行情况。它是分析电能质量、计算经济指标、了解系统潮流和主设备运行工况的主要依据。图 3-4 是某配电站所终端的遥测回路原理图。

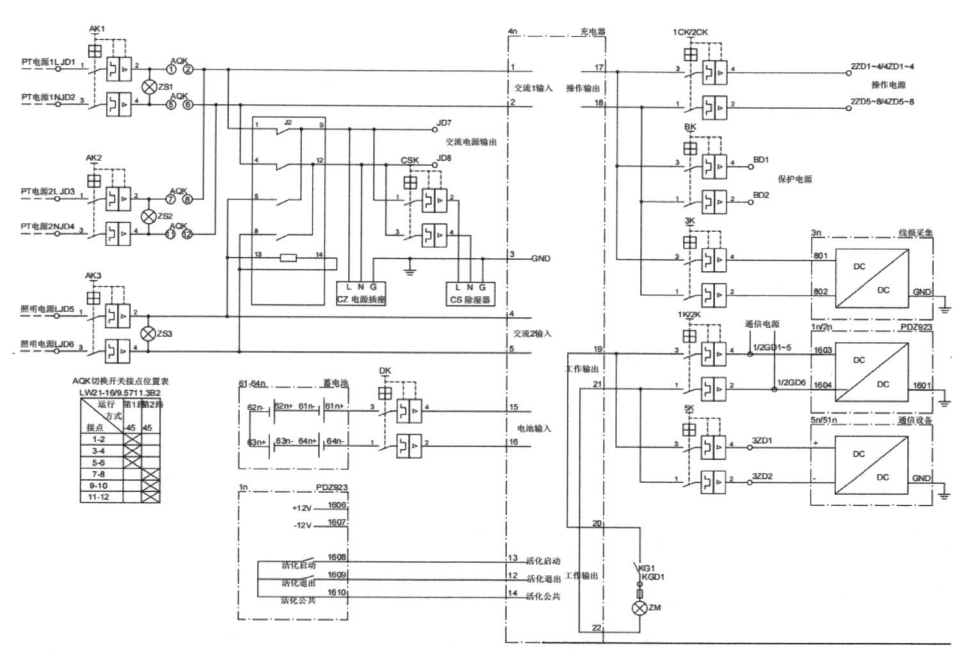

图 3-3　DTU 电源回路原理图

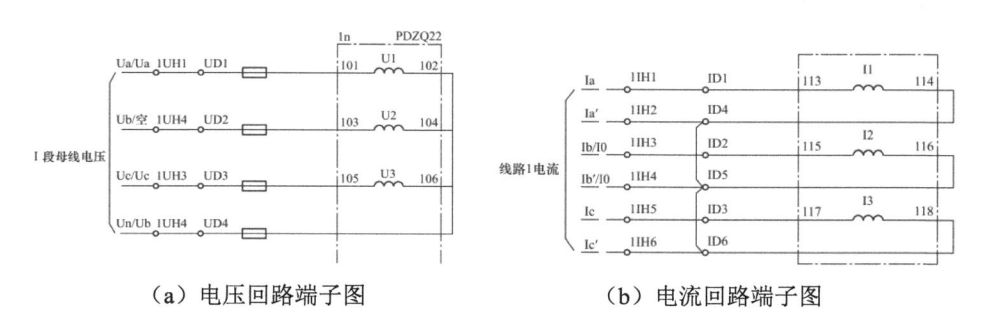

（a）电压回路端子图　　　　　（b）电流回路端子图

图 3-4　DTU 遥测回路原理图

（3）DTU 遥信回路

信号回路是用来采集、指示一次设备运行状态的二次回路，它包括位置信号，事故信号，配电终端及自动装置的启动、动作、告警信号等。在配电系统中，信号回路的主要作用是反映设备正常和非正常的运行状况，为及时发现与分析故障，配合配电主站迅速消除和处理事故提供有力的支持。图 3-5 是某配电站所终端的遥信回路原理图。

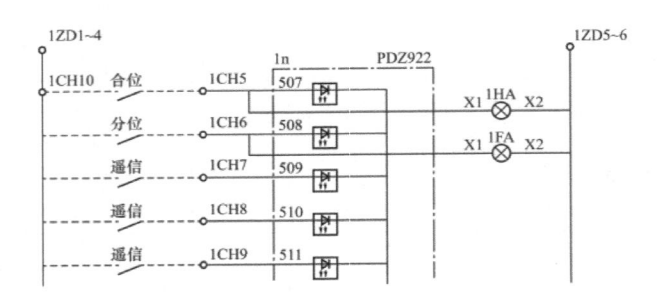

图 3-5　DTU 遥信回路原理图

（4）DTU 遥控回路

遥控是指通过下发远程指令，对远程开关设备进行控制分合闸的行为，是配电自动化隔离故障、恢复非故障区域供电的重要手段。图 3-6 是某配电站所终端遥控板上的遥控回路原理图，调度主站下发遥控命令至终端，终端元器件动作导通相应回路，控制目标设备动作。断路器、负荷开关、蓄电池活化都可以成为遥控对象。

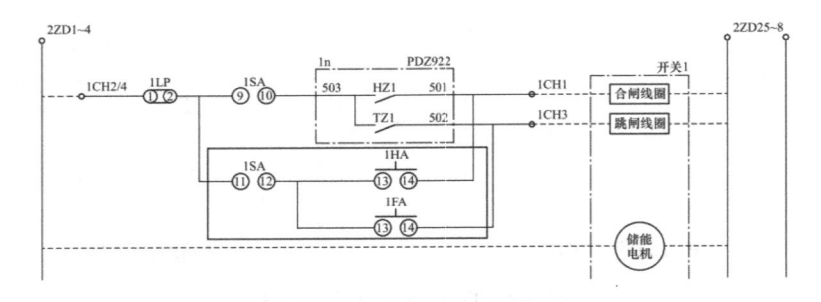

图 3-6　DTU 遥控回路原理图

3. 站所终端的运行维护工作

配电站所自动化终端运维工作包括运行巡视、投运验收、缺陷管理、设备异动、二次安防等。

（1）运行巡视

配电站所自动化终端运行巡视的内容如下。

① 配电自动化终端运维人员应周期性地对配电终端等进行巡视和检查，结合相关一次设备，若发现异常应及时通知相关部门并进行处理，同时应做好相关缺陷流程管理并按规定上报。

② 配网通信系统运维人员应定期对通信网架及相关通信设备进行巡视。地市供电企业可根据实际情况，在不影响人身和设备安全的前提下，开展一二次及配网通信设备的综合巡视。

③ 站所自动化终端巡视是对 DTU 终端的运行情况进行综合巡查，检查内容包括：室外 DTU 外壳是否完好，柜门锁具是否完备；DTU 柜体是否有损坏变形；DTU 及开关设备各类指示灯、空开、远方就地切换开关及压板位置是否正常；ONU 通信装置运行状况是否正常；DTU 及开关设备相关封堵是否完好有效，是否存在进水凝露等情况；二次线缆是否有移动或损伤迹象。

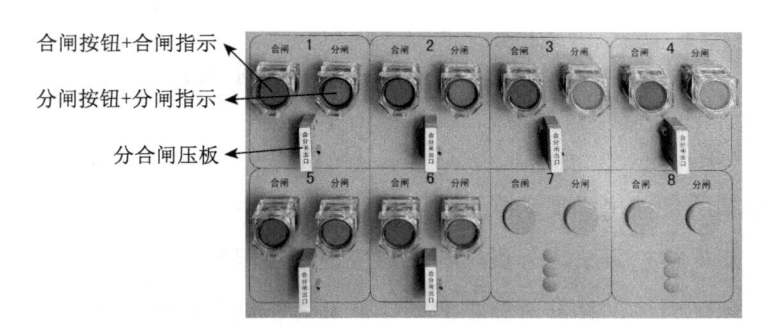

图 3-7 DTU 指示灯与遥控压板

（2）投运验收

配电站所自动化终端投运验收的内容如下。

① 终端保护定值参数设置合理，具备与变电站形成配合的能力，且相关数据信息、动作信号已上传至主站。

② 终端设备工作现场施工规范，接线清晰，挂牌完整，封堵到位，把手、压板均处在正确位置。

③ 终端后备电源切换功能完善，PT 改造容量充足。

④ 主干线断路器保护功能退出，以实现馈线自动化策略与就地保护的配合。

宁波市××区供电公司配电站（配电自动化终端部分）联调验收卡

站点名称：		站点地址：	
DTU生产厂家：		装置型号及配置：	
一、外观及接线检查		二、装置加电检查 现场调试	
检查项目	是否合格	检查项目	是否合格
1. 装置配置是否与设计图纸一致		1. 系统启动正常，运行灯显示正确	
2. 装置外观清洁，无损坏，铭牌固定良好		2. 各插件运作正常，各指示灯显示正确	
3. 门、门锁、操作面板složonégoz		3. 液晶显示面板显示良好，操作界面清晰	
4. 装置各插件紧固，无缺失		4. IP、点号、保护定值设置完成	
5. DTU 电源接入方式，是否为双电源		5. 光缆熔接完毕，光纤通道已调试完毕，通道畅通	
6. 端子接线整洁，排列整齐，线路标示清晰		6. 分合闸指示灯显示正确	
7. 电缆标牌填写清晰，悬挂规范合格		7. 远方就地切换正确	
8. 各空气开关标示清晰，填写正确		8. 预制按钮操作成功	
9. 现场接入间隔是否与设计图一致（并记录）		9. 各间隔就地分合闸操作成功	
10. 出口压板标示清晰，命名与现场是否一致		备注：	
11. 终端设备及柜体接地正确			
12. 设备封堵良好			
13. 场地清理			

参验人员（业主）签名： 参验人员（施工方）签名：

参验人员（厂家）签名： 参验人员（供电公司）签名： 验收日期：

图 3-8 配电站所自动化终端设备验收卡

（3）缺陷管理

配电站所自动化终端缺陷管理的内容：应用单位需要建立完善的缺陷管理流程，即严格按照缺陷分类等级及对应消缺时限要求开展工作，实现全过程监控及闭环管理，并针对存在的问题认真分析缺陷原因，及时消除缺陷，实现配电自动化缺陷管理流程化、规范化。缺陷管理要能够全面覆盖终端设备状态，对遥信变位记录丢失抖动等异常情况也能够发现和登记。

示例见图 3-9。

（4）设备异动

配电自动化设备异动的要求。

① 改造配电自动化站点，应由运行单位验收合格后，与一次设备同步投运。

缺陷内容		发现日期	
主送单位		缺陷性质	
抄送单位		完成期限	

缺陷具体情况描述：

部门： 缺陷发现人： 联系电话：

主站缺陷处理情况（缺陷情况、处理内容、预计恢复时间等）：

部门： 缺陷处理人： 联系电话：

通信缺陷处理情况（缺陷情况、处理内容、预计恢复时间等）：

部门： 缺陷处理人： 联系电话：

终端缺陷处理情况（缺陷情况、处理内容、预计恢复时间等）：

部门： 缺陷处理人： 联系电话：

缺陷处理确认：

部门： 缺陷确认人： 联系电话： 确认日期：

图 3-9　国网 xx 供电公司配电自动化缺陷处理联系单

② 配电自动化相关设备退出运行，应履行相应的审批手续，经主管部门审核后方可执行，并应做好主站端的数据库、图模数据更新维护工作。

③ 现场一次设备异动，应遵循信息源端维护原则，做好现场自动化设备、数据库、图模数据的更新和审核工作，确保配电主站、PMS、现场自动化设备、一次设备实际保持一致。

设备异动流程见图 3-10。

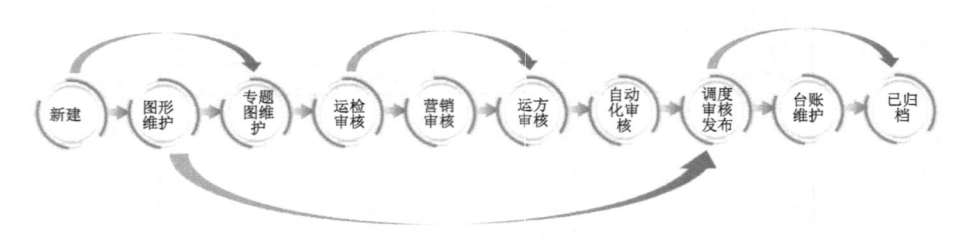

图 3-10 设备异动流程图

（5）二次安防

配电自动化二次安防的要求如下。

① 配电自动化系统安全防护应严格遵守相关法律法规，国网公司和省公司相关标准、规范和管理规定的要求，开展各项系统安全防护工作。

② 配电自动化系统应纳入本单位电力二次系统安全防护体系，符合信息安全和电力二次系统防护管理要求。

③ 配电自动化系统应每年开展一次等级保护测评和风险评估工作，根据测评制定系统加固方案并落实执行。

图 3-11 配电终端证书管理工具软件界面

4. 站所终端的实用化运行管理

配电站所自动化终端的实用化运行管理主要分为规划设计、建设改造、运维管理、检查考核四个主要阶段。

（1）规划设计

配电自动化站所终端建设规划设计应遵守配电自动化技术标准体系要求，应根据地区经济发展、配电网网架结构、设备现状、负荷水平及不同区域供电可靠性的实际需求，按照适度超前的原则，进行分区域、分阶段、分等级的规划设计，统一规划，分步实施。规划过程中要统筹考虑一次网架和设备、主站系统、馈线自动化、通信、终端等内容，合理选择自动化建设改造站点，优先选择重点区域、重点配电线路以及联络站点进行改造，结合现场情况和实际需求合理选择"三遥""二遥""一遥"，以达到切实提高供电可靠性、改善供电质量、提高运行管理水平的目的。

（2）建设改造

建设改造的管理内容包括规划立项、工程实施（工程建设、建设应用质量管控）。

规划立项全流程管理为管理单位编制配电自动化规划，项目建设单位根据规划编制配电自动化项目技术方案和可研报告，经管理单位组织评审通过后，将符合电网基建投资要求的项目列入电网项目规划库。

工程建设应遵循以下原则。

① 配电自动化设备到货和安装调试，由具备检测资质的单位按照相应检验规程或技术规定进行检测合格后，方可进行施工安装。

② 配电终端的施工应与一次设备或继电保护装置同步进行，通信网的施工应结合电缆、架空线路同步进行。

③ 新建配电主站及通信网原则上应先于配电终端建成，确保配电自动化工程一次建成投运，避免二次停电。

建设应用质量管控应符合以下要求。

① 配电自动化项目应按照《配电自动化验收细则（第二版）》（生配电〔2011〕90号）和《配电自动化实用化验收细则（试用）》（生配电〔2011〕69号）要求组织开展工程验收和实用化验收。

② 新建项目工程建设完成后，申请工程验收；扩建项目每季度末将工程建设进展情况报运检管理部门，项目建成投运设备直接纳入公司实用化运行指标考核。

（3）运维管理

配电站所自动化终端运行维护管理包括运行管理、检修管理、档案资料管理。运维单位应制定包括运行巡视、投运验收、缺陷管理、设备异动、二次安防等在内的配电站所自动化终端运行管理要求。对于运行中的站所自动化终端设备，应根据设备的实际运行状况和缺陷分类及处理响应要求，结合配网状态检修相关规定，合理确定配电站所自动化终端的检修计划和检修方式。当运行中的站所自动化终端设备发生异常并处理、事故处理、发生改进或运行软件修改等情况时应安排补充检验。档案资料管理坚持"谁主管，谁负责；谁形成，谁整理"的原则，各级档案部门对配电自动化项目档案工作进行监督检查指导，确保档案的完整、规范，并根据需要做好档案的接收、保管和利用工作。

（4）检查考核

配电站所自动化终端建设与运行工作的检查考核管理按照"分级管理、逐级考核"的原则开展，考核结果纳入绩效考核和同业对标评价。通过月报、在线指标抽查、离线数据分析等方式加强对配电站所自动化终端的质量管控和运行指标考核。公司所属各级单位依据本单位及上级部门的评价与考核结果，针对配电站所自动化终端建设与运维管理工作中存在的问题，制定整改措施，强化执行落实，提升配电站所自动化终端管理工作水平。

（二）架空线路馈线终端

传统的架空线路馈线终端可以通过北斗、5G 切片、量子加密三种方式接入Ⅰ区，实现开关三遥功能：查看遥测值；查看遥信值；进行开关分合（可选，软硬压板控制）。图 3-12 所示为三遥智能开关终端。

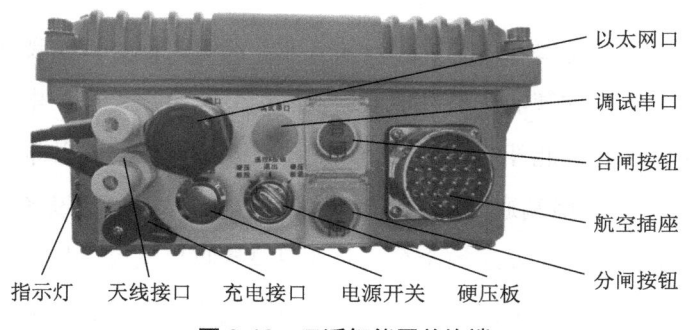

图 3-12　三遥智能开关终端

终端硬压板开关三档，从左到右分别是"硬压板投"代表遥控投入 & 硬压板投入，"遥控退出"代表遥控退出 & 硬压板投入，"硬压板退"代表遥控退出 & 硬压板退出。在通常状态下，硬压板会打到"硬压板投"状态，遥控软压板投入。

图 3-13　三遥智能开关间隔光字牌图

1. 北斗三遥开关

基于北斗应用的新型智能开关由一二次融合开关、控制终端、北斗系统和主站系统组成。北斗三遥开关应用的优势在于通过北斗系统实现更为安全的遥控开关功能，解决小岛、偏僻地段等交通不便利的地方的遥控隔离故障难题。

北斗三遥开关主要利用"智能开关＋北斗终端"的方式实现遥控功能，是在一套正常运行的智能开关设备上加设一个北斗终端，在配电自动化主站无线安全接入区加装北斗短报文终端。北斗终端通过改造开关本体加装取电PT的方式取电，智能端通过PT和太阳能双取电供电，保障设备运行。遥控时，主站侧的工作站下发遥控命令，北斗卫星接收后发给现场安装的北斗短报文终端，最后由短报文终端控制开关本体，完成原路返回，给配电自动化主站一个变位告警，至此完成一套遥控流程。

北斗三遥开关的选型和其他类型的遥控开关基本一致，即必须满足逻辑地址大于4978的智能开关。与其他可遥控智能开关相比，北斗"三遥"开关终端侧多了一个类似蘑菇头的信号接收器，如图3-14所示。

图3-14 北斗三遥开关接收器

该"蘑菇头"就是北斗短报文的接收器，此接收器顶部应尽量朝向天空方向，切不可朝地面安装，会影响卫星传输及接收信号。对于改造已建的普通智能开关，将终端整体更换即可使用。

2. 5G 三遥开关

配电自动化三遥安全总体安全防护应遵循《电力监控系统安全防护规定》（发展改革委 2014 第 14 号令）中"安全分区、网络专用、横向隔离、纵向认证"的安全防护方针，在 5G 公网通信通道中采用具有近似物理隔离强度的端到端切片方案。

应用 5G 硬切片通信技术高带宽、低延时、高安全的特点，可有效解决由于信息安全导致的设备遥控功能和偏远地区开闭所通信上线难题，实现架空线路场景下配电自动化终端的无线遥控和全自动 FA 功能，从"二遥"向"三遥"跨进。该模式下配电自动化终端采用标准国网 104 通信规约、统一点表规则，终端配备 5G 通信模块，采用硬加密模式，内部集成具有双向认证加密能力的国网标准的加密芯片。

3. 量子加密三遥开关

量子加密功能一般搭配无线公网（4G/5G）应用，在 11 个地市公司分别部署安全接入区，实现地市子站和可中断负荷终端信息的安全交互。配电 I 区子站对下通过地市数据隔离装置（数据隔离装置提供无线公网与生产控制大区的隔离，阻断网络连接，实现无线公网通信终端与公司生产控制大区网络之间的裸数据交换），经加密认证装置做数据加解密，再通过无线公网方式接入用户接入层。

在架空线路馈线终端部署时，将量子加密模组安装于馈线终端核心单元主板上，串联于国网加密模块与通信模块之间。在终端软件改造时，馈线终端与量子通信装置之间传输数据为三遥、远程维护及程序升级等。

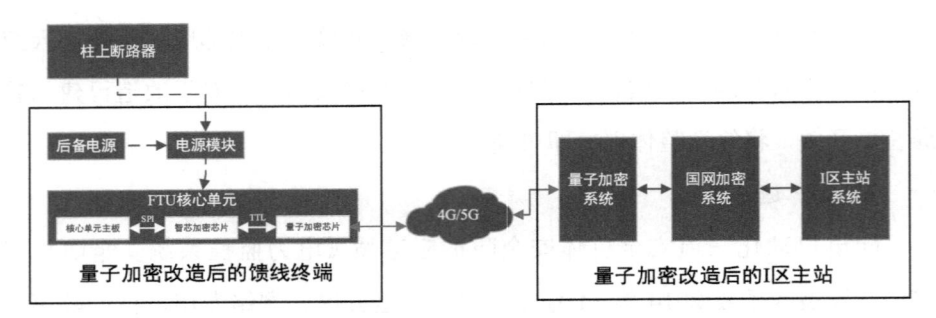

图 3-15　架空线路馈线终端量子加密改造后的通信链路图

4. 信息联调管理流程

（1）设计阶段

设计单位应于新（扩、改）建工程投运前 5 个工作日提供配电自动化设备信息表，由调控（供指）分中心对配电自动化设备信息表的规范性、正确性和完整性进行审核，由运行部门对配电自动化设备信息接入对应关系的正确性和完整性进行审核。

（2）联调准备阶段

运行部门应在信息联调前 3 个工作日向调控（供指）分中心提交"自动化监控信息联调申请单"并附本体调试资料及配电自动化设备信息表，调控（供指）分中心应在接到联调申请后 1 个工作日内给予批复。

（3）信息联调阶段

应对信息进行逐条核对，逐一记录并签名留底，形成联调确认单。联调工作结束后 1 个工作日内运行部门负责提交"配电自动化设备新增投运申请单"至运检部、调控（供指）分中心审核。信息联调完成后，调控（供指）分中心出具联调后配电自动化设备信息表。设计单位应将联调后配电自动化设备信息表纳入竣工图纸资料。

二、Ⅳ区终端的技术管理与提升

(一) 智能开关安装要求

根据《浙江公司配网新型电力系统建设原则》的要求,按照《配电网规划设计技术导则》中关于供电区域的划分标准,制定基于可靠性水平要求的网格属性分类原则,同时考虑浙江实际情况,将网格属性划分为城市、城镇、农村三种类别和 A+、A、B、C、D 五种类型(见表3-1)。各单位根据供电服务指挥系统中线路、台区所属供电区域的属性进行差异化建设。

表 3-1 网格属性分类表

地域类别	区域类型	行政级别 省会城市计划单列市	行政级别 地级市	行政级别 县(县级市)	可靠性水平 分类	可靠性水平 户均停电时间
城市	A+	$\sigma \geqslant 30$	—	—	高可靠供电区	小于 5min
城市	A	市中心区 $15 \leqslant \sigma < 30$	$\sigma \geqslant 15$	—	高可靠供电区	小于 10min
城市	B	市区 $6 \leqslant \sigma < 15$	市区 $6 \leqslant \sigma < 15$	$\sigma \geqslant 6$	可靠供电区	小于 0.9h
城镇	C	城镇 $1 \leqslant \sigma < 6$	城镇 $1 \leqslant \sigma < 6$	城镇 $1 \leqslant \sigma < 6$	可靠供电区	小于 3h
农村	D	农村 $0.1 \leqslant \sigma < 1$	农村 $0.1 \leqslant \sigma < 1$	农村 $0.1 \leqslant \sigma < 1$	一般供电区	小于 6.1h

[注] ① σ 为供电区域负荷密度(MW/km^2)。②供电区域面积一般不应小于 5km^2。③计算负荷密度时,应扣除 110kV 专线负荷,以及山体、水域、森林等无效供电面积。

10kV 主线内需要安装智能开关时,通用安装要求如下。

① 0 号杆或 1 号杆安装的所有柱上开关均宜配置普通开关。

② 10kV 架空线路上的分段、联络开关应配置具备三遥功能的智能开关。

③ 负荷较大的分支线 1 号杆应配置具备三遥功能的智能开关。

④ 大分支且有联络关系的架空线路 1 号杆应配置具备三遥功能的智能开关。

⑤ 直接接于主线上的支线（统称"一级支线"）1 号杆应至少配置具备二遥功能的智能开关。

⑥ 支线负荷超过 1000kVA 或 3 台配变（含公、专变）或线路长度超过 1km 的支线 1 号杆应配置具备二遥功能的智能开关。

⑦ 所有智能开关安装后[①]，该线路未配置 FA 策略的，应按"三级保护"配置相应的继保定值确保线路就地跳闸，并开启重合闸设置，就地隔离故障点。整线完成合闸速断配置或 FA 策略配置的，所有分段开关均应退出就地保护设置。

（二）智能开关的运维

1. 智能开关的日常巡视

智能开关的日常巡视与普通架空设备的日常巡视为基础，增加以下特别关注点。

巡视时应特别关注开关本体与智能终端之间的航空插头是否出现松脱。必要时应在确保安全的前提下上杆进行检查。

巡视时应对开关本体线桩处进行瞭望检查，特别是对线夹处进行重点关注，查看是否出现锈蚀、烧灼痕迹等隐患。必要时可进行红外测温或无人机特巡。

应定期对智能终端进行开盖检查，检查是否有漏水、渗水现象发生。

根据设备运行要求对开关及智能终端内各软、硬压板进行检查，确保软、硬压板在技术规定位置运行。

[①] 三遥功能智能开关包含光纤接入、4G+ 量子、5G 硬切、北斗通信等通信形式可遥控的智能开关。

巡视时应特别注意设备各支撑铁件是否牢固，是否出现锈蚀、螺帽松脱等情况。

巡视时应注意避雷器等设备是否出现烧灼痕迹，接地线是否可靠接地。

2. 智能开关的日常消缺管理

智能开关消缺管理以Ⅳ区主站下发的消缺单为主要依据，同时结合日常巡视中发现的隐患同步安排消缺工作。

① 对于通信部分的消缺。首先应确认 SIM 卡是否处于停机状态，如欠费停机，应通过运检室向运营商提出恢复通信的要求，在运营商恢复通信后协同Ⅳ区主站进行确认；如 SIM 卡损坏，则由运营商提供新的 SIM 卡，安排现场换卡，并联系Ⅳ区主站运维人员进行确认。

② 对于智能终端设备的消缺。运行单位在收到主站下发的整改通知书后，先排除通信类故障。如不是通信类故障且具备现场消缺条件（天线、保护板、通信模块损坏等），厂方人员在现场直接更换；其他需要综合处理和测试的，由厂方驻点运维人员集中领取返厂维修。各单位应严格把握返厂时间节点，符合省公司"21 天应完成返厂流程"的要求，逾期的需要厂家提供相关书面说明材料。

3. 智能开关的安装验收要求

① 观察断路器和终端周边是否空旷，终端光伏板是否朝阳面安装且无树木或者其他异物遮挡，若有应及时清理。

② 观察断路器重合闸压板投退情况，现场重合闸硬压板应投入，否则无法遥控合闸以及重合闸。

③ 检查断路器接地线是否安装规范（未搭接地线或接地不规范运行容易造成三相电压异常等问题）。

④ 联络开关热备用状态，查看断路器联动控制器是否处于远方状态（就地状态无法遥控）。

⑤ 观察开关终端天线是否完整。

⑥ 观察航空插是否脱落。

⑦ 观察终端电源开关按钮是否打开（开关按钮打开会凹进去，上杆后可能需要用望远镜）。

⑧ 观察终端硬压板是否投入（上杆后可能需要望远镜）。

4. 智能开关的联调

（1）运行单位联调工作的职责

① 联调前一周将联调计划上报主站班，纳入主站班周工作计划。

② 在联调前向主站班上报"智能开关接入申请单"，申请单内必须明确开关的安装点位、IP 地址、SIM 卡号等基本信息。

③ 在联调前在同源维护套件中更新图模并推送至 I 区主站班。

④ 在联调结束后 5 个工作日内完成现场安装工作。

（2）主站班联调工作的职责

① 加密证书及量子网关的录入工作。

② 图模导入 I 区系统。

③ 联调主站侧调试、监护，并做好联调记录。

④ 配调纳入管控的书面移交（县调移交由县供服中心完成）。

⑤ 监控智能开关上杆安装的时间节点监控，超期安装的应及时反馈市公司运检部进行相应考核。

⑥ 纳入 I 区的所有三遥开关的日常数据核对，一旦发生设备不在线或数据不变情况的，应及时下发消缺联系单，要求各运行单位进行消缺。

三、中压侧终端的全寿命周期管理

随着配电自动化建设与应用的不断深入，配电自动化终端数量日趋庞大，目前全省配电自动化终端数量已超过 60 万台。目前配电终端管理主要存在以下三个问题：一是设备台账档案不全，各类终端台账"一本账"未形成，特别是接入配电自动化一区主站的终端台账，设备检测报告多处于线下管理状态；二是设备检修档案不全，各类终端检修记录"一本账"未形成，终端检修和更换在系统中的痕迹不全；三是设备管控手段不全，各类终端"一张图"管控未建立，各单位终端运维及时性和各品牌终端的可靠性未统筹管理。

为保证配电自动化设备现场投运、运维、拆除、报废等状态与配电自动化系统一致，有必要开展配电自动化设备全寿命周期过程精细化管控。

（一）管理流程

配电自动化终端全寿命周期管理以流程链条标准化为核心，形成全过程动态可记录、可追溯、可分析、可展示的管理模式。

1. 系统定位

配电自动化四区系统：作为设备全寿命周期管理流程的核心系统，主要负责配电自动化终端台账管理、四区终端装接管理、全寿命周期全景展示分析。

配电自动化一区系统：作为一区配电自动化终端的源头系统，主要负责一区配电自动化终端的调试和终端缺陷的生成。

供电服务指挥系统：作为配电自动化终端检修工单的管控平台，主要负责终端检修、更换工单的全过程管理。

2. 流程设计

配电自动化设备全寿命过程主要分为设备入网、联调投运和运维检修三个阶段，如图 3-16 所示。

```
设备入网
  ↓
联调投运
  ↓
运维检修
```

图 3-16　配电自动化全寿命周期管理流程图

（1）设备入网阶段

1）主要问题

设备基础档案信息不全；入网及供货检测报告未在线上管理；一区配电自动化终端未建立统一终端条码。

2）解决方案

增加批次建立模块，将可研、批复、采购批次等资料存档，建立批次项目及档案管理功能；增加入网审批模块，上传首台首套入网检测报告，完成厂家建档及匹配关联档案功能；增加设备供货模块，上传供货检测报告，关联设备供货检测信息；优化条码管理模块，新增一区设备终端条码管理功能，实现一区和四区设备终端条码统一申请。

具体流程如图 3-17 所示。

3）建设目标

通过增加设备全寿命周期管理批次建立、一区设备条码申请、厂家档案和检测报告留存匹配的环节，补充批次管理内容，细化审核规则，解决条码管理分散、设备基础档案不完备、检测报告未存档和区域供需差异化的问题，实现设备管理的质量严控、溯源精准、有效利用。

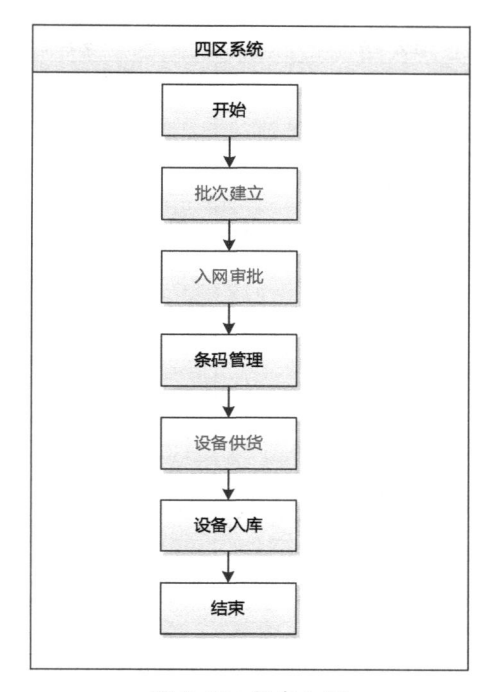

```
┌─────────────────────┐
│      四区系统        │
│                     │
│       ┌─────┐       │
│       │ 开始 │       │
│       └──┬──┘       │
│          ↓          │
│      ┌──────┐       │
│      │批次建立│      │
│      └──┬───┘       │
│         ↓           │
│      ┌──────┐       │
│      │入网审批│      │
│      └──┬───┘       │
│         ↓           │
│      ┌──────┐       │
│      │条码管理│      │
│      └──┬───┘       │
│         ↓           │
│      ┌──────┐       │
│      │设备供货│      │
│      └──┬───┘       │
│         ↓           │
│      ┌──────┐       │
│      │设备入库│      │
│      └──┬───┘       │
│         ↓           │
│       ┌─────┐       │
│       │ 结束 │       │
│       └─────┘       │
└─────────────────────┘
```

图 3-17　设备入网

（2）联调投运阶段

1）主要问题

设备终端未建立标准化联调模式，且联调记录未在线上留痕；一区配电自动化设备投运资料未系统留底。

2）解决方案

增加仓库联调模块，规范设备终端功能联调及记录上传，形成标准化模式；优化档案归档模块，将一区和四区设备安装调试资料统一归档至四区系统，形成完整规范的投运台账。

具体流程如图 3-18 所示。

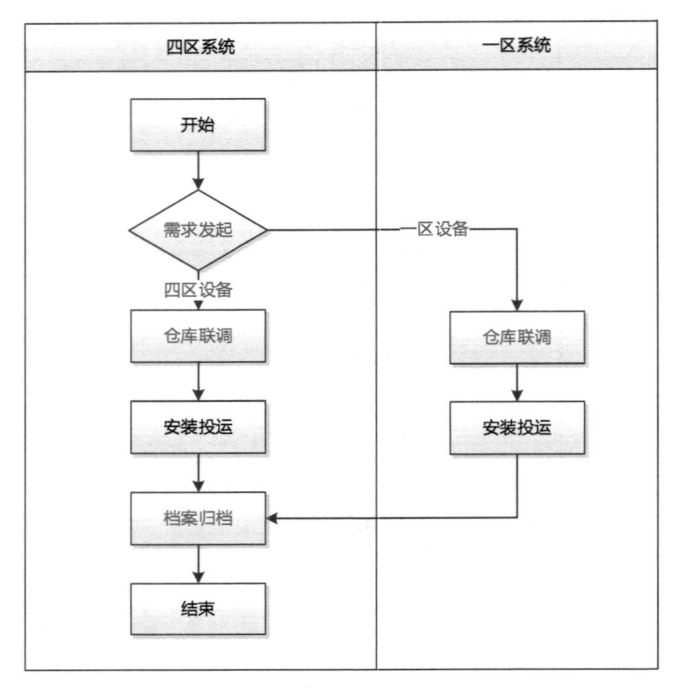

图 3-18　联调投运

3）建设目标

通过增加仓库联调模块和档案归档功能，解决设备现场调试效果不佳、一区设备投运资料未系统留底、终端联调记录未系统录入的问题，提升现场工作效率，统一一区和四区设备联调台账，强化数据管控能力和后期溯源管理。

（3）运维检修阶段

1）主要问题

设备缺陷管控流程缺失；设备过程管控未设置阈值；设备处置环节未有线上审核；一区配电自动化设备未建立处置流程。

2）解决方案

增加设备运维环节，将一区和四区设备检修、消缺等运维工作自动推送至供服系统，生成相应业务工单，并依据工单闭环结果在四区系统生成运维记录；设置过程管控阈值，将一区和四区设备检修、故障消缺、设备拆除等纳入工单化管理，实现过程精准闭环管控；优化设备处置环节，在四区系统增加返厂、报废环节的审核功能，并补充一区设备的返厂、报废、重新入库等流程，同步记录处置过程。

具体流程如图 3-19 和图 3-20 所示。

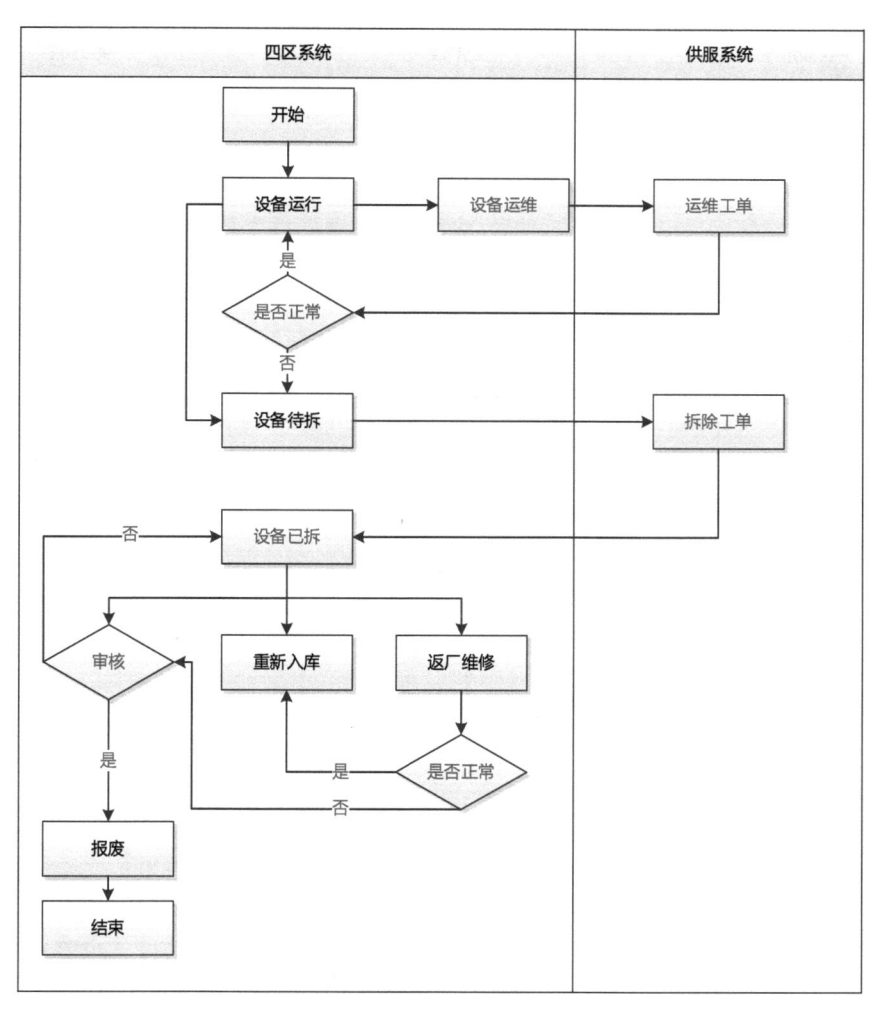

图 3-19 四区运维检修

3）建设目标

通过在四区系统增加一区和四区设备运维流程，优化设备处置环节，将运维和拆除环节纳入工单化管理，解决系统处置过程质量不高、缺陷处理管理存在盲区、阈值管控缺失的问题，满足对应状态业务管控需要，实现过程管控透明，运维记录清晰，指标展示精准。

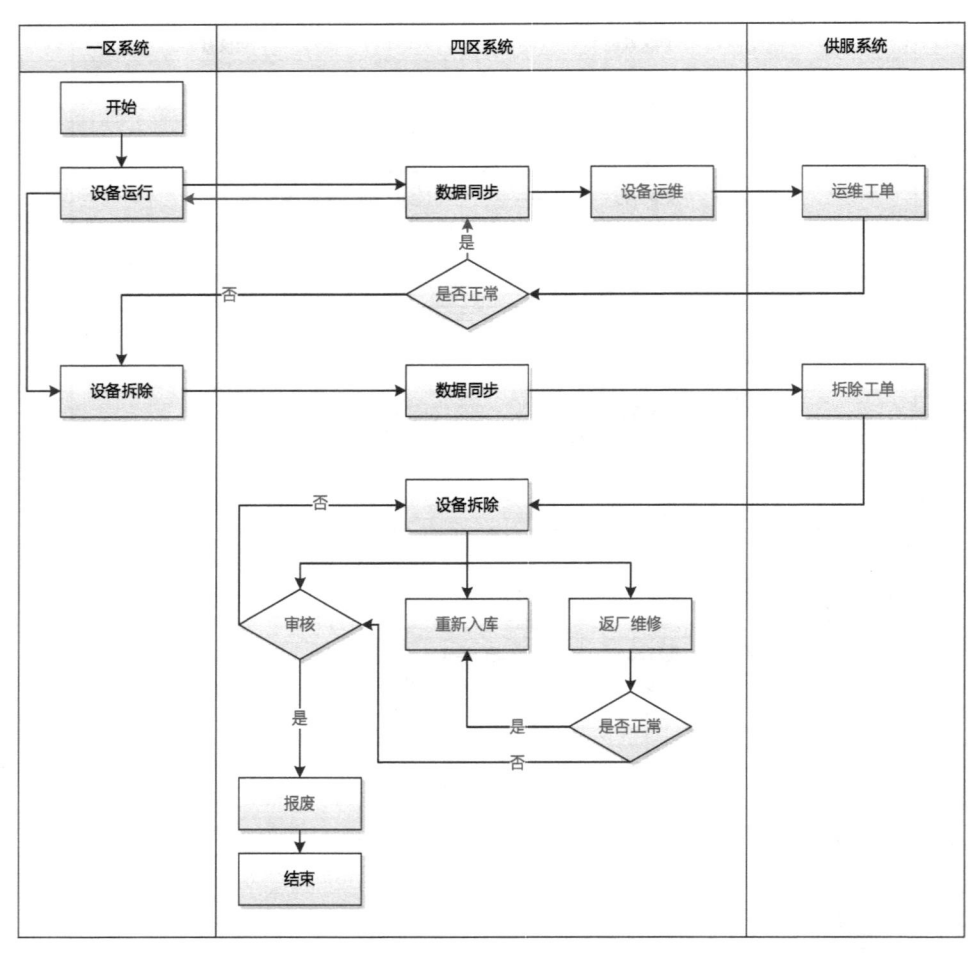

图 3-20 一区运维检修

（二）全景展示

一是增加统一界面，实现一站管控。增加全寿命流程管控界面，所有环节和步骤在一个界面展示，统一管控流程，解决目前各管理模块多点分布的问题，实现全流程链条化展示和一站式管控，降低专业管理难度，形成以工促学的良性循环。

二是增加跳转功能，实现动态管理。增加流程步骤的跳转功能，合理利用已有功能模块，减少系统资源浪费。实际子模块能赋予更细化的管控内容（申报材料、审核意见等），强化动态管控能力。

典型案例：全寿命周期管理全流程界面

全寿命周期管控一张表，展示各设备所处流程、环节，作为详细寿命周期跳转的入口（见图 3-21）。“在运”设备处于检修或消缺等维护状态的可以跳转至供指系统查看详细工单流程；保留“退运”设备，便于追溯其全寿命履历，以及统计运维、缺陷情况。

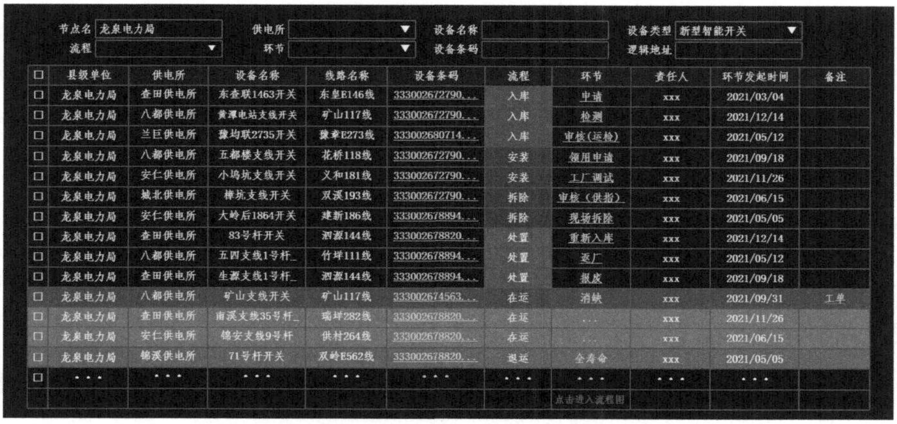
节点名 龙泉电力局　供电所　设备名称　设备类型 新型智能开关
流程　环节　设备条码　逻辑地址

□	县级单位	供电所	设备名称	线路名称	设备条码	流程	环节	责任人	环节发起时间	备注
□	龙泉电力局	查田供电所	东查联1463开关	东皇E146线	333002672790...	入库	申请	xxx	2021/03/04	
□	龙泉电力局	八都供电所	黄潭电站支线开关	矿山117线	333002672790...	入库	检测	xxx	2021/12/14	
□	龙泉电力局	兰巨供电所	豫均联2735开关	豫章E273线	333002680714...	入库	审核(运检)	xxx	2021/05/12	
□	龙泉电力局	八都供电所	五都楼支线开关	花桥118线	333002672790...	安装	领用申请	xxx	2021/09/18	
□	龙泉电力局	安仁供电所	小坞坑支线开关	义和181线	333002672790...	安装	工厂调试	xxx	2021/11/26	
□	龙泉电力局	城北供电所	樟坑支线开关	双溪193线	333002672790...	拆除	审核（供指）	xxx	2021/06/15	
□	龙泉电力局	安仁供电所	大岭后1864开关	建新186线	333002678894...	拆除	现场拆除	xxx	2021/05/05	
□	龙泉电力局	查田供电所	83号杆开关	泗源144线	333002678820...	处置	重新入库	xxx	2021/12/14	
□	龙泉电力局	八都供电所	五四支线1号杆_	竹垟111线	333002678894...	处置	返厂	xxx	2021/05/12	
□	龙泉电力局	查田供电所	生源支线1号杆_	泗源144线	333002678894...	处置	报废	xxx	2021/09/18	
□	龙泉电力局	八都供电所	矿山支线开关	矿山117线	333002674563...	在运	消缺	xxx	2021/09/31	工单
□	龙泉电力局	查田供电所	南溪支线35号杆_	瑞垟282线	333002678820...	在运	...	xxx	2021/11/26	
□	龙泉电力局	安仁供电所	锦安支线9号杆	供村264线	333002678820...	在运	...	xxx	2021/06/15	
□	龙泉电力局	锦溪供电所	71号杆开关	双岭E562线	333002678820...	退运	全寿命	xxx	2021/05/05	
□	...	...	...	...	...	...	...	...	...	
							点击进入流程图			

图 3-21　全寿命周期展示界面

设备处置阶段，四区发起消缺流程并推送至供服系统，生成业务工单，包括派发、审核、反馈、评估等阶段，整改反馈可填写故障部位、典型故障原因等，便于四区系统相关数据运维。

图 3-22 所示为工单化管控界面。

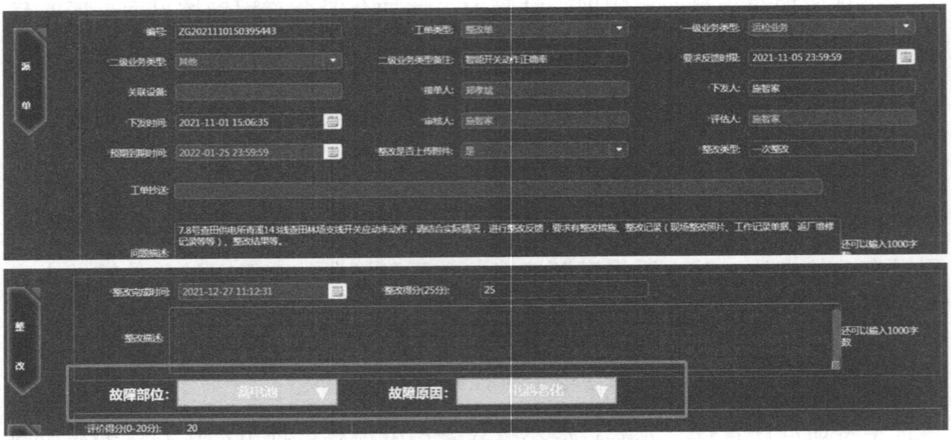

图 3-22　工单化管控界面

四、馈线自动化技术

（一）概述

馈线自动化（FA）是配电自动化最基本最重要的功能组成，是提高供电可靠性最直接最有效的技术手段，因此电网公司在实施配电自动化过程中，都最先考虑馈线自动功能。实现馈线自动化主要能带来以下好处：

① 降低故障发生概率。通过对配电网及其设备运行状态实时监视，及时发现并消除故障隐患，减少故障的发生。

② 缩短故障恢复时间。由于故障确切位置查找难度大、故障现场距离远等因素影响，依靠人力去现场实现故障点隔离和恢复供电所需时间较长，而应用 FA 功能可以在分钟级甚至秒级时间内完成故障隔离和非故障负荷段恢复正常供电，显著缩小故障影响范围，减少停电时间，提高供电可靠性。

（二）馈线自动化国内外发展历程

1. 国外配电网馈线自动化发展历程

配电自动化近十多年发展较快，由于各国的具体情况不同，开发的功能差异也较大。配电自动化在发达国家起步比较早，其馈线自动化发展也较早，在20世纪70年代，美国首先在城市配电网采用真空断路器并且对配电线路进行分段处理，以提高电网供电可靠性。纽约长岛公司采用无线通信方式并由计算机集中控制，实现了馈线自动化的故障停电时间缩短到1min之内。西欧的主要发达国家如英国、法国、德国、意大利、西班牙、比利时、加拿大等均在配电馈线自动化方面做了大量的研究和实践工作，因此，发达国家的配电网馈线自动化程度都比较高。

（1）欧美国家的配电网馈线自动化

美国配电自动化的起步在20世纪70年代中后期，建设也相对比较成熟，其主要目标在于缩短停电时间，以提高供电可靠性。到了90年代，美国的配电自动化技术已达相当高的水平。经过数十年的发展，美国配电网馈线自动化的水平也处于国际先进水平。美国长岛电力公司（Long Island Lighting Company，LILCO）共有750条馈线，绝大部分采用的是架空线路，这些线路经常由于受雷击、冰雹、飓风等恶劣天气的影响而产生短路故障。为提高供电可靠性，美国实施了以配电网故障快速隔离和负荷转移为主的配电网馈线自动化系统。美国芝加哥ComED公司采用的配电系统是由Energy Line系统公司提供的Interlliteam，可以采用对等通信的方式，对2～7个配电设备进行连续的监视，并实现开关之间共享设备电压、开关位置和故障状态等信息。

欧洲配电自动化的发展同样较早，馈线自动化水平也较高。奥地利EVN公司维也纳地区的中压配电网基本实现了自动化，安装配电终端1万多套；意大利ENEL公司在全国有8万多个中压/低压开关站实现了远程遥控，德国对配电自动化持的态度非常谨慎；法国配电网经过升压改造后，电压等级基本为20kV，法国EDF公司80%的20kV中压网络实现了自动化；英国对配电网馈线自动化兴趣最浓，这与英国政府电力管制取消时间较早有关，英国目前相关研究较为活跃，是欧洲配电自动化水平最高的国家。

（2）日本的配电网馈线自动化

日本的配电自动化系统实施时间比较早，日本电网是目前全世界供电可靠性最高的电网之一。日本的馈线自动化从20世纪50年代开始实施采用重合器和分段器相互配合的馈线自动化模式，也就是将控制部分安装在柱上的故障检测继电器上，指示装置安装在变电站的故障区段的指示继电器上。日本在20世纪60至70年代研发了各种就地控制方式和远方监视的配电开关控制装置，主站通过通信方式实现馈线终端的信息采集和对配电开关的遥控，其中日本九州电力公司实现了全公司500余座变电站及其馈线设备的远程监控，12万台馈线开关的远程控制率已经接近100%，全公司85处营业所已有64处采用了计算机网络化的配电网自动化系统，实现了馈线自动化。自20世纪80年代开始利用计算机构成自动控制系统，即线路发生故障后，能够实现自动隔离故障区段，并自动以最佳方案恢复故障区段供电。目前，全部电站已经实现了远程监控，几乎所有的馈线开关都已经实现了自动化，绝大部分营业场所已经建成了配电自动化系统，实现了馈线自动化。日本与欧美国家的馈线自动化系统不同，供电半径小，环网供电方式比较多，同时比较注重提高供电可靠性，因此功能少而精。除此之外，日本电力公司重视中压载波通信，其电力载波通信技术始终处于世界先进水平。

2. 国内配电网馈线自动化发展历程

我国配电网馈线自动化随着配电网自动化（Distribution Automation，DA）的应用而发展。我国的配电自动化研究起步较晚，FA起步于20世纪90年代中期开始的DA项目试点工作，较国外发达国家滞后20年，但发展很快。从1998年开始国家启动城乡电网改造，FA获得较大范围的工程化实施，到2003年年底，我国有100多个地级城市建立起了DA系统。近年来，随着我国社会与经济的快速发展，用户对供电质量要求的不断提高，DA又引起了人们的重视，而智能电网的兴起，更是极大地助推了 FA 的发展。南方电网公司 2008 年启动了广州、深圳两个城市的 DA 试点工作，之后又启动了南宁、昆明、东莞等 13 个主要城市的 DA 工程。国家电网公司 2009 年启动了北京、杭州、厦门、银川 4 个城市的试点工作，2010 年启动了第二批 19 个城市的试点工作，下一步拟在国家电网系统大中型城市以及部分县城全面推广 DA。近年来，众多地区进行了配电 SCADA 方面的配电自动化试点工作，大大提高了供电可靠性。从实际情况看，配电自动化的主要作用在于提高对配电网的运行监控能力，提高供电企业的信息化水平，进而通过优化网络接线和系统运行方式减少故障查找时间等措施提高供电可靠性。FA 随着配电自动化的发展为配电网实现配电自动化发挥了重要作用。

浙江配网馈线自动化功能应用起步较早，杭州供电公司 2011 年开始通过在南瑞科技 OPEN3200 配调主站上部署集中式 FA 功能模块，开展城市 10kV 开闭所电缆线路 FA 试点应用。当时集中式 FA 功能模块还采用开环运行模式。2013 年宁波公司开始试点配调主站集中式 FA 功能的全自动闭环运行，随后全省 11 个地市公司都实现了配调主站集中式 FA 功能的大规模应用。但对于配网架空线路，因终端与主站之间采用无线通信带来的信息安全焦虑，架空线路一直无法应用主站集中式 FA。2019 年在全省范围内实现了基于就地合闸速断型原理的 FA 应用，从根本上解决了这个问题。2021 年量子对称加密技术在配网的应用，使得通过无线公网信道实现主站集中式 FA 功能成为现实。

（三）浙江现有 FA 功能介绍

浙江配调主站分为 Ⅰ 区主站和 Ⅳ 区主站。Ⅰ 区主站位于生产控制大区，具备四遥功能，因此可以采用主站集中式 FA 模式，接入对象主要为采用光纤通信的电缆线路环网柜（箱）间隔开关、采用无线公网通信但叠加了量子加密通信技术或 5G 硬切片技术的架空线路智能开关；Ⅳ 区主站位于管理信息大区，仅具备二遥功能，不能进行远程遥控和遥调，因此只能采用就地合闸速断型 FA 模式，接入对象主要为采用无线公网通信但没有叠加量子加密通信技术或 5G 硬切片技术的架空线路智能开关。

1. 浙江配调 I 区主站集中式 FA 功能介绍

主站集中式 FA 俯瞰整个配网系统，可以实时获取最完整的线路实时信息和判据，进行最全面的实时逻辑分析判断，并给出操作指令。因此主站集中式 FA 的故障研判是最全面和准确的，并具有较高的容错性。它的主要缺点是 FA 功能响应速度与水平分布式 FA 有差距。浙江 11 个地市公司配调 I 区主站都选用了南瑞科技的 OPEN5200 主站系统，相应主站集中式 FA 功能模块也是南瑞科技开发的。

2. 浙江配网就地合闸速断型 FA 功能介绍

浙江配网目前采用的就地合闸速断型 FA 是在电压时间型 FA 基础上做了改进优化，整个 FA 过程变电站出线开关只需重合一次，减少了开关动作次数和停电次数。由于架空线路智能开关与主站之间采用无线公网通信，虽然有 VPN 等技术加持，但因其通信过程采用非对称加密方式，理论上存在被破解风险，禁止经无线信道对架空线路进行遥控，因此就地合闸速断型 FA 的使用是无奈之举；待 5G 硬切片和量子对称加密技术开展应用，就可以直接采用主站集中式 FA。

（1）就地合闸速断型 FA 技术原则

对于架空线路的故障处理，采用合闸速断式馈线自动化与分支线电流保护配合方式。主干线开关投入合闸速断式馈线自动化功能，分支线开关投入过流保护与重合闸。分支线发生故障时由分支线保护完成故障处理，不影响主干线运行；主干线发生故障时由变电所出线开关保护切除故障，然后由合闸速断式馈线自动化完成故障定位隔离及非故障区域恢复供电。

（2）适用范围

适用于架空线路或以架空线路为主的混合线路；网架结构为单辐射、单联络或多联络的架空线路。

（3）布点原则

主干线上的分段开关及联络开关均应采用断路器，且均应投入合闸速断型馈线自动化功能。

分支线开关应采用断路器，退出合闸速断型馈线自动化功能，投入电流保护与重合闸功能。

（4）保护配置

变电站出线保护可退出过流Ⅰ段（瞬动段）并将过流Ⅱ段延时设置为0.3s及以上；当无法退出过流Ⅰ段时，应缩短过流Ⅰ段保护范围，电流定值按照线路出口处发生短路故障有灵敏度整定。

分段开关应退出过流保护及重合闸，投入合闸速断型馈线自动化功能。

分支线开关投入限时速断保护与定时限过流保护，保护动作于跳闸，并与变电站出线开关保护形成级差配合。限时速断保护定值一般整定为下游最大容量配变额定电流的25倍，同时应小于或等于变电所出线保护过流Ⅱ段定值的0.9倍；动作时限可考虑实现与下级配变保护/熔断器的时间级差配合，按照0.15s整定。定时限过流保护定值按2.5～4倍分支线最大负荷电流整定，实际工程中一般可选择为400A。动作时限按比本开关限时速断保护动作时限高一个时间级差整定。

分支线开关投入单相接地保护，保护动作于信号或跳闸。对于现阶段应用的智能开关，用于不接地系统线路时，单相接地保护零序方向元件应投入，零序过流定值可设为5A；用于消弧线圈接地系统线路时，单相接地保护零序方向元件应退出，零序过流定值可设为8A。动作时限宜设为30s或以上。

分支线开关原则上均应投入重合闸功能。若分支线开关下游线路存在小火电、小水电等小电源（不包括分布式光伏）接入的情况且开关不具备检无压功能时，分支线开关重合闸功能应退出。安装于用户分界处的分支线开关可不投入重合闸功能。考虑分布式光伏发电影响，重合闸延时设为3s。

第四章　低压侧终端的配网数字化建设

一、台区智能融合终端技术

（一）配电台区融合终端概述

1. 建设背景

自 2019 年起，国家电网与南方电网公司将传统工业物联网技术与配电技术深度融合，通过配电设备间的全面互联、互通、互操作，实现配电网的全面感知、数据融合和智能应用，围绕低压配电台区构建了透明化、智能化的新型低压配电系统——配电物联网，以支撑低压配网精益化管理能力的不断提升，实现配网运营管理和客户服务水平的显著提高。相比于传统低压配电网，配电物联网从单纯的物理网络升级构成电力物联网和信息物理设备融合的系统，支撑实现从能源的一维连接发展成为能源与数据的两维价值传导。

为适应新型电力系统建设和配电网低碳转型需求，充分发掘融合终端规模效应和技术价值，提升实用化应用水平，解决低压配网缺乏监控手段，"摸不透、看不清、贯不通"的问题，满足基层供电所、运维班组对透明感知、智能管理的需求，提高运检工作效率，公司积极开展能源互联网示范区建设，探索建设能源互联网示范区典型模板。

按照《国网设备部关于印发 2021 年台区智能融合终端建设应用提升工

作方案的通知》（设备配电〔2021〕37号）的要求，遵循"示范引领、规模推广、逐级覆盖"的思路，进一步扩大智能融合终端实用化示范区建设规模，做好低压物联的延伸。结合省内各地市地域特征、资源禀赋、电网特色，构建以融合终端为中心的"全景感知"透明化台区和新型低压智能配电网，将成为"源网荷储"建设中"网侧"打造灵活自愈的可靠配电网中的重要一环。通过建设配电物联网台区，利用核心技术装备——台区智能融合终端，实现低压配电网的全景状态透明感知和源网荷储融合协同互动，从而更加有力地支撑以新能源为主体的新型电力系统下新业务、新业态的发展。近三年，结合台区智能融合终端的大规模建设部署，围绕配电物联网台区的向下延伸感知建设开展了大量工作，设立了专项示范项目（融资租赁）总计20余个，涉及地县公司20余个。

2. 配电台区融合终端介绍

配电台区融合终端（smart distribution transformer terminal，以下简称"终端"）是采用硬件平台化、功能软件化、结构模块化、软硬件解耦设计，满足高性能并发、大容量存储、多采集对象需求，集配电台区供用电信息采集、各采集终端或电能表数据收集、设备状态监测及通信组网、就地化分析决策、协同计算等功能于一体的智能化终端设备，支撑营销、配电及新兴业务发展需求。

终端融合配变终端、集中器、台区表功能，接入配电自动化系统主站、用电信息采集系统主站、物联管理平台。

终端核心主控芯片采用国产工业级芯片，计量、通信、存储等芯片宜支持国产工业级芯片。

图 4-1 台区智能融合终端

终端功能以微应用方式实现，可根据业务需求灵活扩展。

终端满足电力二次系统安全防护有关规定，集成配用电安全芯片或安全模组。

（二）术语定义

1. 容器

一个虚拟的独立运行环境，能够通过对终端部分物理资源（CPU、内存、磁盘、网络资源等）的划分和隔离，屏蔽本容器中应用软件与其他容器或操作系统的相互影响。

2. 应用软件

运行在终端内部，符合边缘计算架构、可快速开发、自由扩展、满足配/用电及新业务需求的功能软件。

3. 物联管理平台

部署在云端，连接感知层设备与企业中台或相关业务系统，提供资源配置、数据汇聚、基础管理功能的信息系统，支持连接管理、网络管理、设备管理、用户管理等功能。

4. 安全芯片

一种可独立进行密钥生成、加解密运算的专用计算芯片，内部具有独立的处理器和存储单元，可保存密钥等关键数据，仅提供与业务功能无关的数据加解密及身份鉴别等安全功能。

5. 本地通信

配电台区融合终端和所连接其他物联网终端之间的通信。

6. 远程通信

配电台区融合终端和物联管理平台、业务系统的通信。

（三）功能架构

终端遵循智慧物联体系"云、管、边、端"框架，满足营销、配电业务需求（见图 4-2 和图 4-3）。终端本体由硬件层、软件层两层架构组成。硬件层由主控芯片、安全芯片、存储单元、通信模块等构成；软件层由驱动程序、系统内核等组成，采用容器技术实现多个容器同时运行，支持容器间的数据通信，实现数据交互共享；营销与配电的应用可分别安装在各自的容器内，通过应用 APP 实现所需的所有功能。

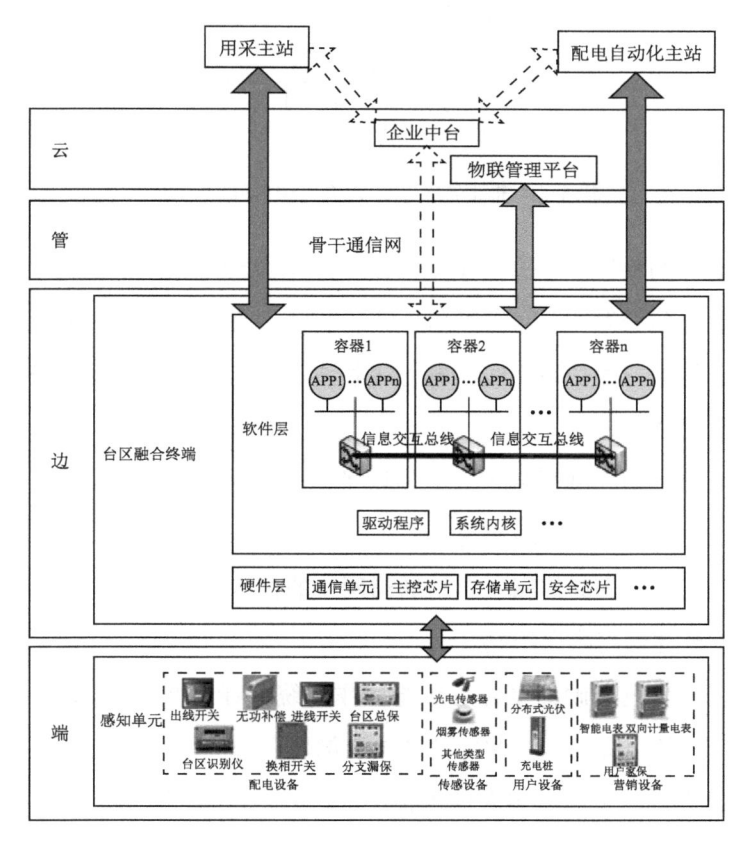

图 4-2 智慧物联体系"云、管、边、端"框架

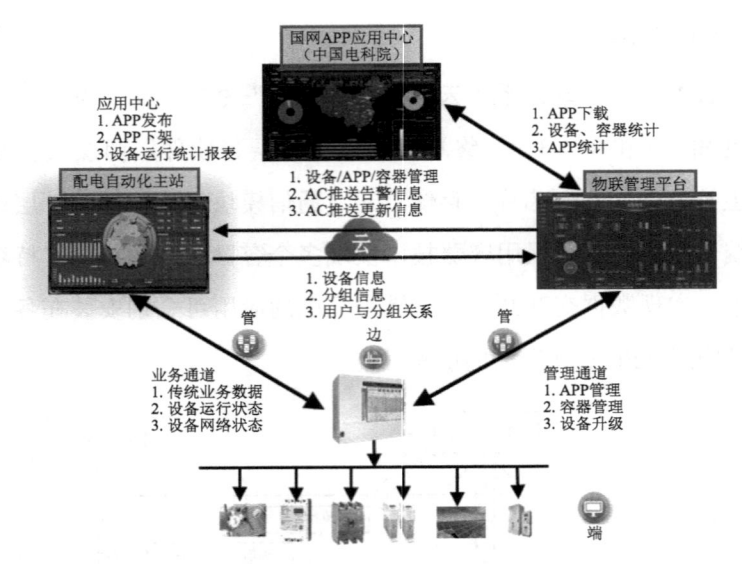

图 4-3　浙江公司"云、管、边、端"框架

终端支持物联管理平台、用采系统和配电自动化系统的通信协议。远程通信可通过无线公网／专网等通信方式将数据上送至物联管理平台或主站系统；本地通信支持微功率无线、电力线载波、RS-485 等多种通信方式与感知单元进行数据交互。

云：采用"物联网平台＋业务微服务＋大数据"的技术架构，实现海量终端连接、弹性伸缩、应用快速上线。

管：采用"远程通信网＋本地通信网"的技术架构，通过通道 IP 化、物联网协议实现通信网络自组网。

边：采用"统一硬件平台＋边缘操作系统＋APP 业务应用软件"的技术架构，通过软件定义终端，实现功能灵活部署。

端：智能感知终端，实现设备状态、运行状态、环境状态等基础数据采集，并执行决策命令或就地控制。

（四）硬件结构

1. 工作电源

（1）供电方式

终端使用交流三相四线制供电，在系统故障（三相四线供电时任断二相）时，交流电源可供终端正常工作。终端额定电压：AC220V/380V，允许偏差 -20%～+20%。工作频率：50Hz，允许偏差 -0.5Hz～+0.5Hz。

图 4-4 为台区智能融合终端重载连接器接口布局，表 4-1 为主接线重载连接器定义说明。

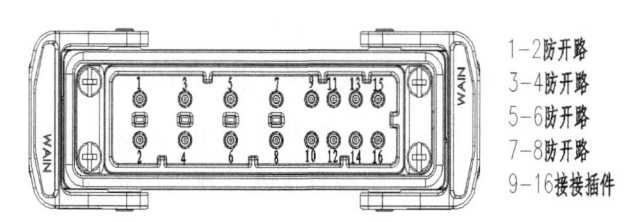

图 4-4 台区智能融合终端重载连接器接口布局

表 4-1 主接线重载连接器定义说明

序号	定义	备注
1	A 相电流端子 _P	防开路
2	A 相电流端子 _N	
3	B 相电流端子 _P	防开路
4	B 相电流端子 _N	
5	C 相电流端子 _P	防开路
6	C 相电流端子 _N	
7	零序电流端子 _P	防开路
8	零序电流端子 _N	
9	预留	
10	预留	

续表

序号	定义	备注
11	预留	
12	预留	
13	UA	
14	UB	
15	UC	
16	UN	

（2）失电数据和时钟保持

终端电源中断后，保存各项设置值不少于 10 年，历史记录保存不少于 1 年，时钟至少正常运行 5 年。电源恢复时，保存数据不丢失，内部时钟正常运行。在发生电源接地故障情况下，两相对地电压达到 1.9 倍的标称电压且维持 4h，终端不应出现损坏。供电恢复正常后终端应正常工作，保存数据不丢失。

（3）后备电源

终端后备电源应采用超级电容并集成于终端内部，后备电源充电的时间不超过 1h；当终端主供电源供电不足或消失后，后备电源自动无缝投入并维持终端及通信模块正常工作不少于 3min，具备至少与主站通信 3 次（停电后立即上报停电事件）的能力，后备电源工作时，主电源恢复，终端正常工作。超级电容免维护时间不少于 8 年。

2. 硬件性能指标

终端核心 CPU 主频不低于 800MHz，应为国产工业级芯片。终端内存不低于 1GB，FLASH 不低于 4GB。

3. 接口要求

终端具备 1 路无线公网 / 专网远程通信接口，1 路以太网接口，1 路本地通信接口，可连接 HPLC 模块、微功率模块或双模模块。

终端具备 4 路 RS-485 接口，串口速率可选用 1200bps、2400bps、

4800bps、9600bps、19200bps、115200bps 等；具备 1 路蓝牙接口，具有两主三从功能，用于本地维护、电脉冲输出和秒脉冲输出；具备北斗 /GPS 双模，用于本地地理位置信息采集和对时；具备至少 4 路开关量输入接口；具备通信接口扩展能力。

图 4-5 所示为融合终端弱电端子接口布局，表 4-2 为融合终端弱电端子定义说明。

图 4-5 融合终端弱电端子接口布局

表 4-2 融合终端弱电端子定义说明

弱电信号端子定义							
1	遥信Ⅰ	2	遥信Ⅲ	3	遥信Ⅱ	4	遥信Ⅳ
5	遥信公共端Ⅰ	6	遥信公共端Ⅱ	7	预留	8	预留
9	预留	10	预留	11	232 串口Ⅰ接收	12	232 串口Ⅱ接收
13	232 串口Ⅰ发送	14	232 串口Ⅱ发送	15	232 串口Ⅰ地	16	232 串口Ⅱ地
17	485 串口Ⅰ端 A	18	485 串口Ⅳ端 A	19	485 串口Ⅰ端 B	20	485 串口Ⅳ端 B
21	485 串口Ⅱ端 A	22	公共端（电脉冲）	23	485 串口Ⅱ端 B	24	有功（电脉冲）
25	485 串口Ⅲ端 A	26	无功（电脉冲）	27	485 串口Ⅲ端 B	28	秒脉冲
29	PT100 Ⅰ +	30	PT100 Ⅱ +	31	PT100 Ⅰ -	32	PT100 Ⅱ -
33	PT100 Ⅰ COM	34	PT100 Ⅱ COM	35	预留	36	预留

[注] 遥信公共端Ⅰ为遥信Ⅰ和遥信Ⅱ的公共端，遥信公共端Ⅱ为遥信Ⅲ和遥信Ⅳ的公共端。

（五）软件结构

1. 软件架构

融合终端软件架构包含基础平台部分、资源虚拟化部分、微应用部分、数据交互总线部分、信息安全部分（见图4-6）。基础平台部分包含硬件通信接口及驱动、基础操作系统；资源虚拟化部分由容器和硬件资源的接口层组成；微应用部分具备完成具体业务的功能，包括基础微应用与业务微应用；数据交互总线部分基于容器间 IP 化技术与 MQTT 协议，实现跨容器的消息交互；信息安全部分包含数据采集安全、数据存储安全、数据访问安全及数据上行通信安全。

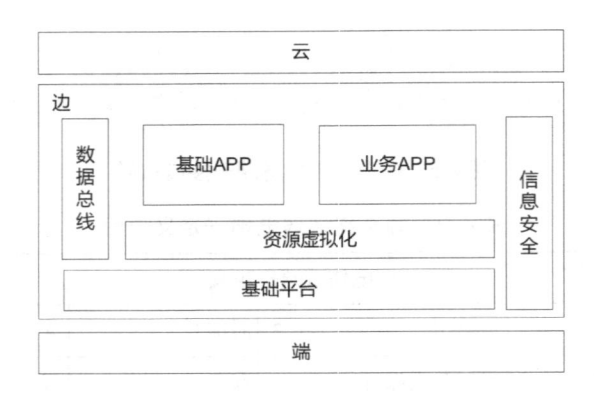

图 4-6　台区智能融合终端微应用总体架构

2. 微应用功能

融合终端 APP 分为基础 APP 和业务 APP。基础 APP 对终端通信接口、通信协议、数据模型、数据中心接口服务等基础资源进行统一管理部署。业务 APP 遵循规范的 APP 分类、开发、检测等技术要求，实现符合自身业务需要的业务应用。

（1）基础 APP 功能

基础 APP 根据功能要求，可划分为通信服务、电气量采集、数据中心三大类。

① 通信服务，实现终端对外信息及本地运维交互的综合管理，包括通信接口管理、上行通信服务和本地运维通信三个部分。通信接口管理实现配电和用采业务类微应用同时访问串口和载波/无线通信管理功能，包括串口管

理服务 APP、载波 / 无线管理服务 APP；上行通信服务实现终端对物联网管理平台的业务数据交互功能，包括 IoT 物联业务 APP。

② 电气量采集，实现交流采集与电能计量功能，包括交流采集 APP。交流采集完成基本交流模拟量采集，实现基本配变监测功能；包括正向、反向有功电能量，四象限无功电能量，具备分时计量功能。

③ 数据中心 APP 通过模型描述、设备描述进行数据存储并对外提供有效数据，针对低压台区设备种类及特点提供 26 个对外接口，支撑配用电等业务。存储的数据包括低压配网采集数据、低压配网定值参数数据、营销采集数据、营销参数数据、分析类微应用计算结果数据等。

数据中心实现功能：一是微应用之间通过数据中心提供的消息机制进行交互，避免私有通信，实现数据交互解耦，降低交互管理复杂度；二是数据集中管理，避免各微应用建立私有数据库，保证数据安全性能，提高数据使用效率。

（2）业务 APP 功能

业务 APP 分为采集通信类和应用分析类。采集通信类实现终端与上行主站通信交互、下行设备通信交互及其数据采集；应用分析类实现面向不同业务场景的应用。

1）采集通信类

采集通信类包含上行主站通信交互及下行设备通信交互。上行主站通信交互包含 104 业务主站通信交互，IEC104APP；下行设备通信交互包含智能 JP 柜设备数据采集、智能配电站房设备数据采集、低压监测单元数据采集等。

2）应用分析类

应用分析类 APP 是面向不同业务场景开发的 APP，数据全部来源于终端数据中心，包括但不限于以下 APP。

① 配变运行状态监测 APP。基于终端交流采集数据，通过感知设备和边缘计算，对配电变压器运行工况、设备状态数据、环境情况及其他辅助信息

进行全面采集和分析，可根据生产及管理需要上传配变运行的必要数据到云主站，通过数据在线分析与深度挖掘，实现配变精准监控和状态评价，支撑配电线路和台区的主动运维，提高供电可靠性，提升用户满意度。

② 低压拓扑识别 APP。基于终端和安装在台区各节点的传感器检测技术、末端的信号注入技术，实现配变、分支箱、表箱的分相拓扑关系识别功能。

③ 故障定位与抢修 APP。基于终端、低压智能开关、智能电表等感知设备，实现配变低压侧、低压分路开关、电缆分支箱、低压用户等监测对象的停电、复电事件的实时获取，通过终端管理的本地低压电网拓扑信息，在发生停电事件时实时召测相关设备运行数据，对停电发生真实性、故障设备定位及停电影响范围进行实时分析。

④ 电能质量监测分析 APP。基于终端边缘计算和就地管控能力，实现对低压配网三相不平衡、高低电压、谐波等电能质量问题的及时发现、溯源分析、决策建议与治理成效评估，改善台区电能质量，满足电网经济运行和用户高质量用电需求。电能质量监测分析主要功能包括：一是电能质量统计分析，根据配变运行数据、出线开关数据、用户用电数据等电网运行数据综合计算电能质量相关指标；二是成因分析，通过低电压、三相不平衡等问题事件识别和特征提取、严重度评估、原因综合研判等手段，对电能质量问题进行成因辨识。

⑤ 供电可靠性分析 APP。通过对台区内运行设备停电事件的全面融合感知，终端就地完成台区用户停电时间、停电户数、停电类型、停电原因、事件性质的统计分析并上送云主站，云主站通过综合统计低压用户停电数量和停电时长，实现低压供电可靠性指标和参考指标的实时自动计算，并根据实时及历史数据为供电可靠率不合格的区域制定相应的提高策略。

⑥ 台区线损分析 APP。通过配网智能设备升级和有效覆盖采集感知设备，实时监测电压、电流、有功、冻结电量等关键数据，基于终端边缘计算能力，就地开展台区分路、分相线损统计分析，及时上送线损超差等异常情

况至云主站，实现对低压线损进行实时监管，有效支撑线损治理、窃电核查等工作开展。

⑦ 电动汽车有序充电 APP。通过终端，实现配变实时负载率与充电桩群的充电功率的协调控制，合理分配配变负载资源，增强配变运行经济性。实现用户经济效益与配变利用率最大化，满足电网削峰填谷要求。

⑧ 分布式电源消纳 APP。依托终端对分布式光伏、储能等新能源的综合接入管控，结合配电台区综合运行工况，形成符合用户用能方式的新能源工作策略，以协助用户开展电源管理，优化设备工作性能，达到配网双向潮流有序化、台区负荷动态平衡调节，进而有序引导分布式光伏、储能等新能源工作，柔性调控用电负荷分布，从而达到削峰填谷、提高电网设备利用率的效果，在用电高峰期，对可调节负荷进行精准功率调节，对参与响应的用户给予补偿，缓解配网高峰压力，保障配网安全运行。

（六）实用化建设

台区智能融合终端实用化建设主要分为选型和检验、安装及验收、运维管理、考核管理、培训管理 5 个主要阶段。

1. 选型和检验

融合终端的选型原则、检验原则和相关要求应遵循《关于印发配电台区融合终端技术规范（试行）及配电台区融合终端检测规范（试行）的通知》（浙电互联〔2020〕325 号）。对于首次在浙江中标供货的终端厂家，或发生重大技术方案变更的融合终端，省电科院和省营销服务中心应组织开展挂网试运行，挂网试运行合格方能开展批量供货。

入网检测通过后，中标单位向省公司提出融合终端条码申请，由省公司设备部确认批次融合终端是否融合使用并报送省公司营销部，营销部审核通过后，由省营销服务中心在计量中心生产调度平台（MDS）开展统一的建档工作。建档完毕后由省营销服务中心发放至中标单位。华电检测院和省营销服务中心负责到货验收、质量监督，内容应包括到货后样品比对、抽样验收试验等。

2. 安装及验收

融合终端在带电安装时要严格按照不停电作业规程进行，确保人身、设备的安全。

3. 运维管理

台区智能融合终端的运维管理分为 APP 管理、巡视管理、缺陷管理、台账管理、退役与报废。各地市、县公司应加强融合终端运行维护和应用管理，做好融合终端的状态监测，配备满足运行要求数量的备品备件，发现异常终端应及时安排处理。

各地市、县公司运检专业和营销专业以"谁使用，谁管理"的原则负责融合终端 APP 应用运行维护及异常情况处理和协调工作，负责融合终端 APP 应用运行记录，做好各项指标变动情况的整理分析，发现异常情况应及时研究存在的问题，提出有针对性的改进措施，提高系统各项指标。

各地市、县公司负责本单位管辖范围内配电自动化系统四区主站、用电采集信息系统巡视，包括值班巡视和特别巡视。各地市、县公司负责本单位管辖范围内现场设备巡视，包括周期巡视和异常巡视。周期巡视为公变运维单位按照一次设备的巡视周期，结合日常巡视工作，定期对公变台区现场设备进行巡视，确保公变台区现场设备的正常运行，发现异常及时向管理部门汇报；异常巡视为运维单位根据配电自动化系统四区主站、用电信息采集系统监测人员提供的公变台区现场设备异常情况，开展有针对性的现场检查，并按流程落实处理，及时将处理情况向管理部门汇报。

缺陷消除前应进行监视，防止缺陷升级。融合终端的缺陷分为两个等级——重要缺陷和一般缺陷。重要缺陷：融合终端不通信、死机，通信模块故障，电压或电流接线端子损坏，在线率低，任务数据不完整，数据异常，参数错误，主站召测异常等影响终端正常运行的缺陷，对于发生此类缺陷的设备，须在 5 个工作日内完成故障消缺工作。一般缺陷：融合终端维护口通信故障，外壳有损坏，标牌信息有错误，安装接线不规范，无法读取连接的其他设备，辅助端子有损坏等不影响终端正常运行的缺陷，发生此类缺陷设备，处理时间一般不超过 1 个月。

各地市、县公司应严格按各信息系统工作流程，规范设备的领用、安装、拆回等工作环节，工作流程完毕后应在一个工作日内归档，保证现场与信息系统内台账、档案正确。

各地市、县公司应严格按各信息系统工作流程，规范设备的领用、安装、拆回等工作环节，工作流程完毕后应在一个工作日内归档，保证现场与信息系统内台账、档案正确。

当融合终端需要更换或拆回时，设备拆回后状态改为"故障"，并记录拆回、缺陷日志。设备拆回需要进行问题分析，问题分析后分为三种情况：①正常，可重新入库；②可维修（包括质保期内可更换），进行返厂登记操作；③不可维修（或丢失），进行待报废登记。对于待报废的终端，需要按单个设备提交退役申请，并经过上级资产管理部门审核后予以报废。退役申请内容应包括拆除原因、问题分析结论、佐证照片等。

4. 考核管理

按照"分级管理、逐级考核"的原则开展融合终端的运行监督与考核。省公司定期核实各单位的融合终端应用的规范性和真实性，对各地市、县公司进行考核。各单位应根据职责分工、工作内容与流程制定本单位相应的考核办法，并纳入各单位绩效考核。

5. 培训管理

各地市、县公司根据本单位需要，定期开展融合终端安装、运维培训工作。

二、配电物联网向下延伸技术

(一)配电物联网向下延伸技术建设目标

1. 台区全景状态感知

智能融合终端（TTU/SCU）是配变台区（柱上变台区、箱变台区、配电站房台区）的智慧中枢，实现台区数据汇聚、边缘计算和应用集成。上行接入配电自动化Ⅳ区、物管平台，下行以即插即用的模式接入低压监测单元、智能断路器、无功补偿装置等设备，对各类台区设备进行统一采集、管理和优化，实现台区的物联网化和全景状态感知，支撑低压新型电力系统及新兴业务发展需求。

2. 台区源网荷储协同融合

智能融合终端（TTU/SCU）统一管理台区中的分布式光伏、光伏并网断路器、充电桩、储能、电能质量治理等新能源设备的接入、感知、汇聚和通信，监测新能源设备的运行工况，执行主站下发的控制指令，并根据潮流方向、电压异常等控制策略，结合新能源设备的运行状态，对台区新能源设备进行源网荷储协同控制。

(二)总体架构

1. 设备部署架构

配电物联网向下延伸设备部署架构，将配变台区按照结构分为配变侧、线路侧、用户侧三块区域。每块区域根据要感知的对象针对性部署对应感知设备，统一汇聚至台区融合终端，由融合终端进行统一采集、管理和优化，实现台区全景状态感知和源网荷储协同融合。台区部署架构如图4-7所示。

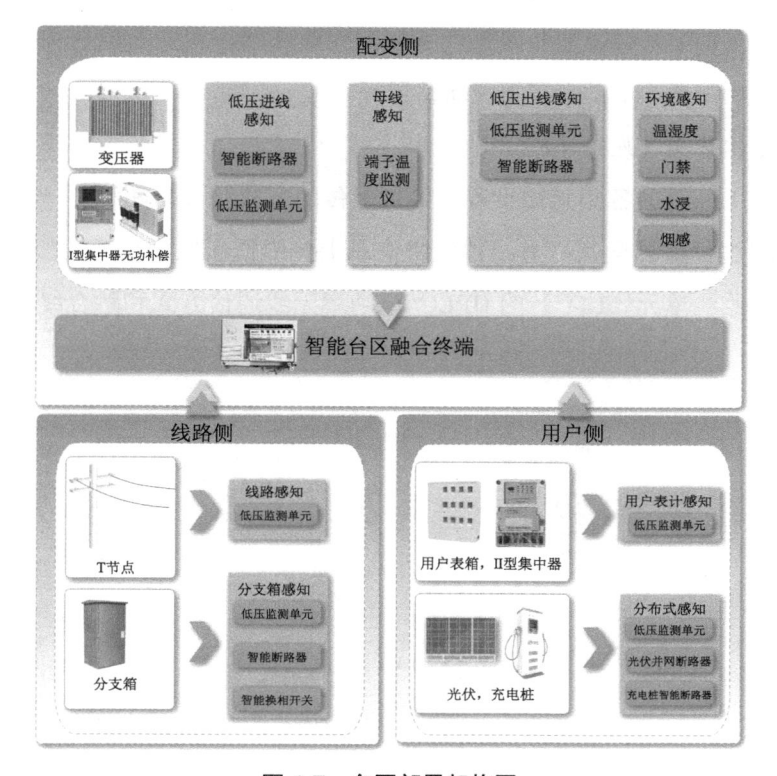

图 4-7 台区部署架构图

配变侧区域是台区首端配变本体至各路低压出线之间的区域。需要感知的对象包括配变本体、Ⅰ型集中器、无功补偿装置（智能电容器、SVG等）、配变低压进线、低压母线、配变低压出线、站房环境等；需要部署的设备包括智能断路器（智能框架断路器、智能塑壳断路器、智能漏电保护器等）、低压监测单元（LTU）、端子温度监测仪、各类环境传感器等。

线路侧区域指的是配变台区低压出线至用户接入点之前的区域。需要感知的对象包括架空线路 T 接点，电缆分支箱等；需要部署的设备包括低压监测单元（LTU）、智能断路器（智能塑壳断路器、智能漏保等）等。

用户侧区域指的是台区末端用户表箱侧。需要感知的对象包括用户表箱、Ⅱ型集中器、分布式光伏、电动汽车充电桩等；需要部署的设备为低压监测单元（LTU）、智能断路器（智能塑壳断路器、智能漏电保护器等）、光伏并网断路器、电动汽车智能断路器等。

2. 通信架构（见图4-8）

台区下部署的各类感知设备，信息上传的方式可分为两种：一种直接和融合终端进行信息交互；另一种先将信息上传给低压监测单元（LTU），再通过低压监测单元（LTU）的HPLC/微功率无线通信方式和融合终端进行信息交互。

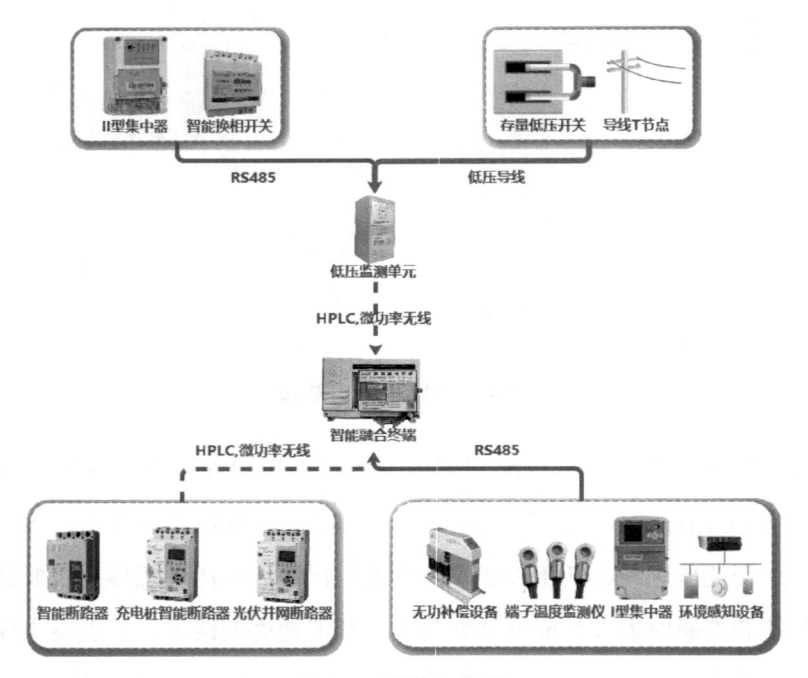

图4-8 通信架构图

直接和融合终端进行信息交互的感知设备，通信方式可分为RS485线连接和HPLC/微功率无线。通过485接口接入融合终端的设备包括Ⅰ型集中器、母线端子温度测试仪、无功补偿装置（电容器、SVG）、环境感知设备（烟感、水浸、温湿度等传感器）；通过HPLC/微功率无线接入融合终端的设备包括各类智能断路器（智能塑壳断路器、智能漏电保护器等）、光伏并网断路器、充电桩智能断路器等。

通过低压监测单元（LTU）采集并上传信息的感知设备，和低压监测单元（LTU）的通信方式主要为通过 RS485 线连接和低压监测单元（LTU）的 CT 直接采集。通过 485 接口接入的设备包括智能换相开关和 II 型集中器，低压监测单元（LTU）的 CT 直接采集的设备包括分布在台区各节点的存量低压开关，及架空线路的三相 T 节点。

（三）配电物联网设备

1. 台区智能融合终端

台区智能融合终端是按照硬件平台化、软件 APP 化的原则，具备分布式边缘计算能力的新一代智能配变终端，是低压配电台区的核心通信和管理单元，对配电台区集中和分散安装终端进行统一采集、管理和优化，实现配电运行监测管理、电能质量监测与治理、辅助信息监测、信息安全防护等功能的有机融合。

2. 低压监测单元（见图 4-9）

低压监测单元（LTU）是安装在架空线路的分支点以及开关分支箱内，并在上述位置建立监测点，监测该测量点三相电压、电流、零序电流、有功/无功功率等量测数据及电量监测，从而实现线路、节点运行状态的监测功能。通过设置故障异常告警阈值，实现线路停电、过压、欠压、过流、欠流状态的告警指示功能。低压监测单元还可以配合台区智能融合终端构建具备配变、出线开关、分支箱、表箱的台区电气网络拓扑主动识别。

3. 低压智能断路器（见图 4-10）

低压智能断路器本体保护特性符合 GB/T 14048.2 的要求，内置核心板宜采用国产工业级芯片。低压智能断路器具备长延时、短路短延时、瞬时、过欠压及断相保护功能，对线路和电源设备起保护作用；给边缘侧终端设备反馈断路器电流、电压、功率、电能、寿命等信息，且具有配电网络拓扑识别功能。

图 4-9　低压监测单元　　　图 4-10　低压智能断路器

4. 配电站房传感器（见图 4-11）

配电站房传感器包括：温湿度传感器、SF_6 传感器、烟雾传感器、水浸传感器。传感器具备与融合终端进行通信的能力，可上传数据至融合终端。温湿度传感器具备监测配电站房环境温度及湿度的功能，上报温度超限事件。SF_6 传感器具备监测配电站房 SF_6 含量的功能，上报 SF_6 超限事件。烟雾传感器具备监测配电站房烟雾的功能，具备烟雾报警功能。水浸传感器具备监测配电站房是否发生水浸的功能，具备水浸报警功能。

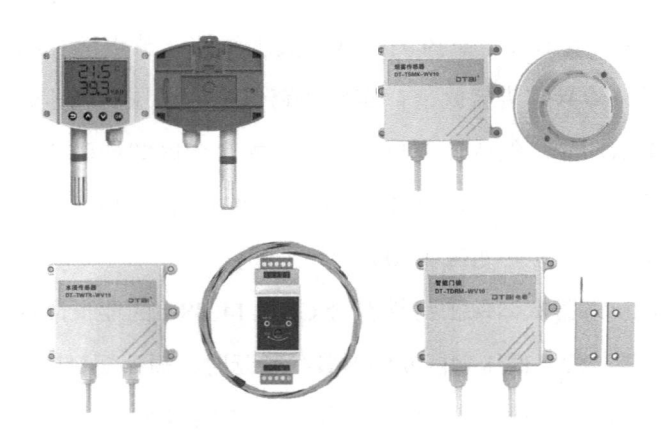

图 4-11　配电站房传感器

5. 智能 JP 柜（见图 4-12）

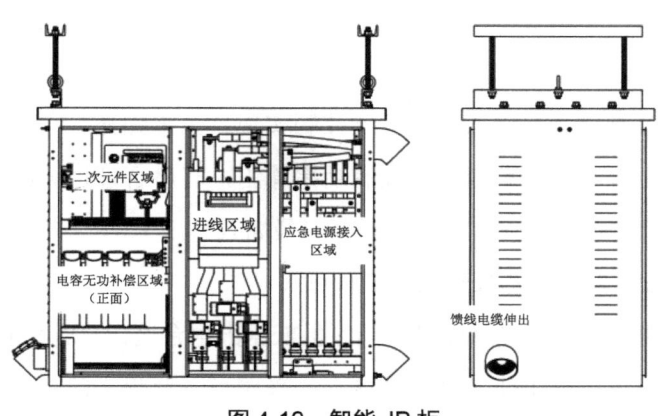

智能 JP 柜包含：SVG、剩余电流动作保护器、智能电容器、智能门锁、智能空调、智能跌落式熔断器设备。智能 JP 柜配套设备具备与融合终端进行通信的能力，可上传数据至融合终端。

图 4-12 智能 JP 柜

（四）配电物联网典型业务场景应用

1. "配电物联网＋优质降损"建设应用

针对农网和小型工商业负荷混合高损型低压配电台区（衢州龙游、丽水缙云等），辅助运维人员开展台区精细线损分析，管理台区设备负荷有序接入，定位查处偷电窃电用户，辅助运维人员对台区进行整体统筹分析，差异化精准部署降损治理设备，实现台区侧"集中式无功补偿＋用户侧分布式就地补偿＋三相负荷换相调节"的高效协同控制，实现低压台区"最节能"。

2. "配电物联网＋公共安全"建设应用

针对农贸市场、商业综合体、城乡接合部等负荷多元化、低压供电环节复杂区域低压配电台区（杭州余杭、绍兴新昌），实现台区下故障发生类型、故障发生区位以及故障影响范围信息精准研判，结合台区电气网络拓扑，优化配置保护参数，实现故障自动隔离与快速复电；主动推送频发预警重点风险点位诊断信息，实现潜在故障的主动预警，辅助运维管理人员提前进行故障消缺处理，实现低压台区"最安全"。

3."配电物联网+社区充电"建设应用

针对城市中心社区、增容扩容建设困难区域的低压配电台区（湖州安吉、温州瑞安、金华婺城），形成日度的动态可开放容量曲线，动态计算配变富裕容量资源，最大限度利用台区的动态供电能力，实现配电台区可承载交流充电桩数量最大化接入，并智能控制实现"先来先充、预约充电"，自动优化调节充电实时功率或分合控制功率输出，有序合理地分配时段充电，提升台区资源利用效率，实现低压台区"最高效"。

4."配电物联网+光伏承载"建设应用

针对大规模分布式光伏建设试点区县低压配电台区，开展"配电物联网+光伏承载"建设应用工作（金华武义、嘉兴桐乡、台州三门），综合台区全局信息形成日度动态分布式光伏接入承载力曲线，精准计算台区的稳定运行承载力边界；利用光伏并网断路器，智能控制实现分布式光伏的有序接入与并网管控，有序合理地分配并网功率；构建交直流混配低压网架结构，实现分布式光伏直流侧接入，配合就地储能，实现多台区柔性互济下的分布式光伏消纳就地消纳控制，实现低压台区的"最低碳"。

5."配电物联网+容灾应急"建设应用

针对全省偏远离岛低压配电台区，开展"配电物联网+容灾应急"建设应用工作（如舟山市普陀区），实现台区下故障诊断检测及主动隔离，并根据智能构网策略快速投入"源、荷、储"设备协同恢复供电，对居民负荷实施有序用电管理，实现容灾应急供电；实现台区下"源、网、荷、储"协同自治运行控制，提升网架薄弱低压配网台区的供电质量和供电可靠性，充分利用海岛分布式资源实现低压台区弹性增容，实现低压台区"最可靠"。

（五）典型示范案例

宁波梅山示范区共涉及 1182 个低压智能台区改造，共安装 1182 台新型智能配变终端、9743 个低压回路监测终端、41 个分布式光伏、703 套智能电容器组、23 套静止式无功发生器 SVG、52 套自动换相开关等设备部署。2021 年 4 月 29 日，北仑梅山示范区首家通过国网公司现场验收。

基于"三合一"融合终端，全面融合配变监测、总表计量、集中器抄表业务，打造"终端唯一、技术统一"的台区营配专业共建新模式，实现"一台区一终端"，将融合终端作为台区"指挥核心"，运检、营销数据同源维护、共用共享，构建"专业融合、业务交融"的配网专业生态圈，降低投资成本，促进营配融合，提升决策效率。通过"三合一"融合终端安装，单台区可减少营销侧设备及运维成本 6000 元。

三、电动汽车有序充电及V2G技术

（一）有序充电

1. 术语说明

有序充电是指根据电动车充电需求的优先级进行调度和管理的充电方式。这种充电方式通常会考虑车辆的出行计划、充电基础设施的可用性以及电力系统的供给情况。有序充电的目标是在合理分配充电资源、确保车辆充电需求得到满足的同时，尽量避免对电网和充电设备造成过大的负荷压力。

有序充电的发展阶段包括：

① 单向无序：充电桩即插即充，电网不介入进行功率管控。

② 单向有序：电网可根据台区负荷情况，调配充电的实时功率。

③ 双向有序：电动汽车可按需给电网放电，可完成有计划的双向能量交互。

有序充电架构如图 4-13 所示。

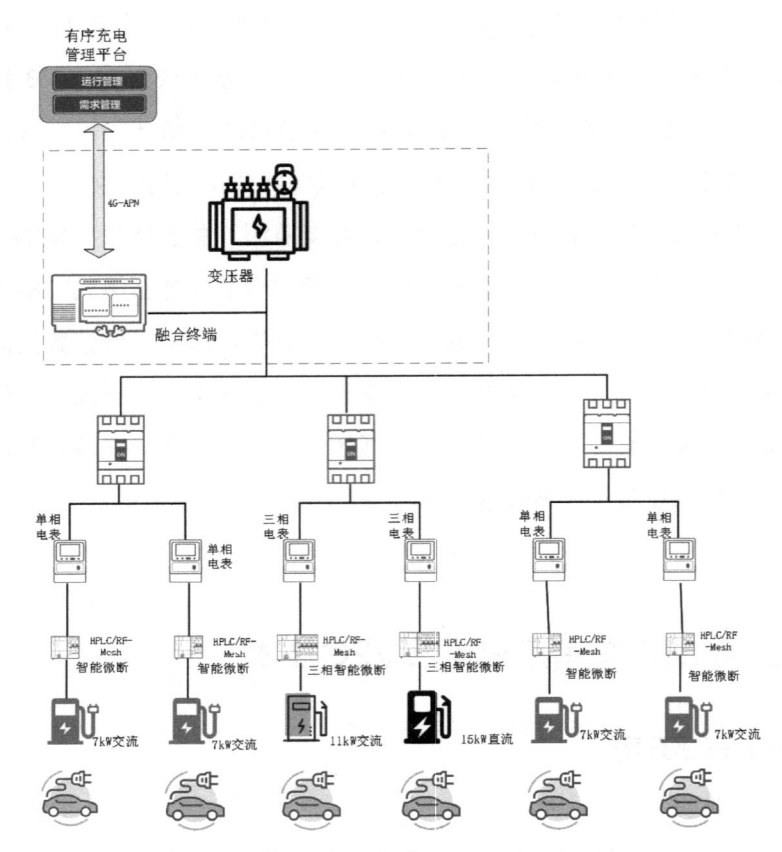

图 4-13　有序充电架构图

2 典型方案

（1）交流分散式：公变场景下的交流充电桩

1）方案介绍

① 电力主站平台侧具备有序充电数据展示、集中策略管理、负荷预测等功能模块；

② 融合终端（或者新型融合终端）布置在台区侧，具备充电负荷识别与汇总、用户充电习惯汇集、充电与常规负荷联动保护功能；

③ 借助于智能断路器（可布置在分支箱内），实现台区内家庭充电桩的功率、电量、使用习惯的汇总与分析，完成有序充电的可观、可测功能；

④ 可实现充电过负荷保护功能，实现基本的充电负荷可控功能。

2）实现方式

在交流充电桩前的配电箱内安装智能微断（见图4-14），并在上述位置建立监测点，监测该测量点的电气量、控制线路开断，并与交流充电桩进行通信，从而实现线路运行状态的监测、控制和有序充电调节等功能。交流充电桩通过智能微断与融合终端通信，实现交流充电桩的可观、可测、可调、可控（见图4-15）。

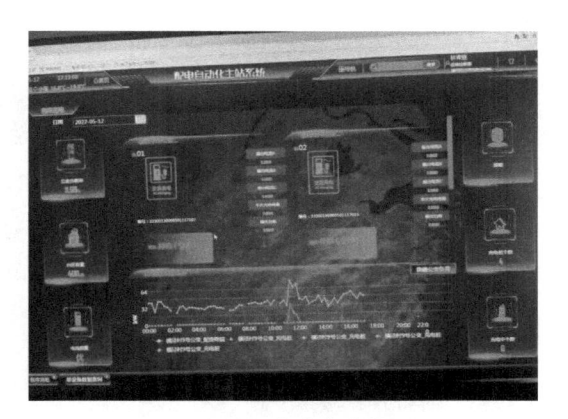

图 4-14　智能断路器安装在配电箱内　　图 4-15　主站的有序充电界面

（2）直流集中式：专变场景下的直流充电桩场站（如工商业企业、工业园区）；公变场景下的直流充电桩场站（如电力公司建设充电站）

1）方案介绍

① 融合终端（边缘计算单元）通过 4G/以太网通道连接有序充电管理平台并进行交互；

② 融合终端根据有序充电调控 APP，实时根据功率池下发每台充电桩的输出功率阈值；

127

③ 充电桩前端配置智能断路器，通过 RS485 总线（或者 CAN/HPLC/ 以太网）连接融合终端，并控制充电桩功率；

④ 直流充电桩通过 4G 通信连接到运营服务平台，进行运营、结算；

⑤ 充电桩实时执行功率调整指令。

2）实现方式

智能断路器（见图 4-16）安装在直流充电桩前的分支箱内，在上述位置建立监测点，监测该测量点的电气量，控制线路开断，并与直流充电桩进行通信，从而实现线路运行状态的监测、控制和有序充电调节等功能。直流充电桩通过智能断路器与融合终端通信，实现直流充电桩的可观、可测、可调、可控。

图 4-16　智能断路器

（二）V2G 技术

1. 术语说明

V2G 技术（Vehicle-to-Grid）是一种新兴的能源管理技术，它允许电动汽车（EV）与电网进行双向交流，即在需要时从电网接受电力充电，或者在合适的条件下向电网馈送电力。V2G 技术基于电动汽车的电池进行能量的双向传输：当电网需要额外能量时，电动汽车可以将存储在电池中的电力释放到电网中；在能量需求较低时，电动汽车可以接受电网输入，进行充电或者在高峰时段减少电池储能。V2G 技术通过智能充电设备和通信技术实现电动汽车与电网之间的交互，从而实现能源管理的协调和优化。其优势具体如下。

（1）削峰填谷缓解电网压力

正常运行的电网，其各项参数几乎是稳定的，发电和供电就像一台天平，必须尽量接近平衡状态。用专业术语来讲，需要随时对电网进行调峰，以保证电网的平衡，一个有效、高效、性价比合适的调峰调频设施是中国庞大的电网所必需与急需的。

在 V2G 的场景下，海量的电动汽车可以看作分布式电源设备，帮助调节电网用电负荷削峰填谷，消纳可再生能源，并为电网提供调频和备用等辅助功能。根据中国汽车工程学会的预测，2030 年中国电动汽车保有量将达到 8000 万辆。若平均配置 60 千瓦时的电池，8000 万辆电动汽车等效储能容量将达到 48 亿千瓦时。根据测算，届时全年电动汽车用电需求将达 7454 亿千瓦时，占社会总需求的 6%～7%；充电功率 1.94 亿千瓦时，占电网负荷的 11%～12%，以此为基础可形成强大的调峰调频能力。

（2）节省充电成本

以城市为例，峰谷电价每度相差 0.35 元，如果一辆车每天放电 20 度，每月参与 20 次放电活动，则可为车主产生至少 140 元的收益（政府补贴尚未计算在内），从而节省充电成本。

（3）赋能电网智能化转型

车网互动要求电网能够实时监测系统缺电情况，及时发布响应请求，并综合在网的车辆情况对车辆放电进行统一调度，这是目前的电网管理系统尚不具备的智能化水平。随着新能源汽车智能化水平的提升，云端计算平台的成熟也将惠及电网系统，为电网系统的智能化升级积极赋能。

2. 典型场景

V2G 系统应用可以很广泛，如居民小区，办公楼宇等。典型的设备系统如下：

① 智能电表，双向计量，本地信息存储，以 RS485 与智能充放电装置通信，并向交互终端传送电量信息；

② 智能充放电装置，由低压控制器和本地管理机组成，用于实现车辆和电网之间的双向能量交互，是 V2G 系统的关键装置；

③ 交互终端，是电动汽车用户与电网交流的界面，用户从中获取用电量和电费信息；

④ 电池管理系统，用于车辆电池数据的采集与传输、电池运行状态的监控，与智能充放电装置通信，通过智能充放电装置向后台传输车辆信息；

⑤ 后台管理系统，对上与电网调度系统通信，获取电网负荷信息并执行电网调度指令；对下与智能充放电装置通信，获取车辆状态信息，分配并下发电网调度指令。

V2G 体现的是能量双向、实时、可控地在车辆和电网之间流动，充放电控制装置既有与电网的交互，又有与车辆的交互，交互的内容包括能量转换信息、客户需求信息、电网状态、车辆信息、计量计费信息等。

四、无功管理技术

（一）定义

无功管理技术是一种用于电力系统的技术，旨在管理和控制无功功率的流动，以确保电力系统的稳定运行。无功管理技术通常包括各种装置和控制策略，用于维持电力系统的功率因数，并调节无功功率的流动，以提高系统的效率和稳定性，通过馈线、配变和台区的自律协同边缘计算，综合优化控制有载调压变、智能电容器和分布式光伏等设备，实现配电网无功电压的优化控制，提高电压合格率，提升经济运行水平。这项技术在电网优化和能源管理方面扮演着至关重要的角色。

无功管理技术的主要功能包括但不限于以下几个方面：

① 功率因数校正：通过静态补偿装置（如无功补偿电容器和电抗器）或动态补偿装置（如 STATCOM 和 SVC 等），无功管理技术可以用于调整电力系统的功率因数，使之维持在合适的范围内，以提高能源系统的效率。

② 电压控制：无功管理技术也可以用于调整电力系统的电压水平，确保在变化的负荷条件和网络故障下维持系统电压的稳定性。

③ 电网稳定：通过对无功功率的灵活控制，无功管理技术有助于维持电网的稳定运行，降低电网运行中可能出现的暂态问题，如电压波动和频率波动。

④ 输电损耗优化：通过控制无功功率的流入流出，无功管理技术可以对输电系统的损耗进行优化，提高输电线路的利用效率和降低能源损耗。

⑤ 谐波抑制：无功管理技术可以用于抑制电网中的谐波，通过合适的分布式无功补偿装置，减少电网中的谐波扰动，提高电网运行的质量。

（二）基本原理

无功管理技术是电力系统中用于控制和管理无功功率的一种重要技术。其基本原理主要涉及无功功率的补偿、控制和优化，在电力系统中扮演着重要的角色。

① 功率因数和无功功率。无功功率是指交流电路中的能量来回流动，但不进行实际功率传输的功率。功率因数则是有用功率与总功率的比值，衡量电流滞后或超前的程度。电力系统中良好的功率因数可以提高能源传输效率，减少线路损耗，提高负载设备的运行效率。

② 无功功率的来源。无功功率来自电感和电容元件，当电压和电流的相位角不同步时，电路中会存在无功功率。

③ 无功管理技术的原理。无功管理技术使用静态无功补偿装置（如无功补偿电容器和电抗器）或动态无功补偿装置（如 STATCOM 和 SVC）来调

节电力系统中的无功功率，以维持系统的功率因数和无功功率的平衡。动态无功补偿装置具有更高的灵活性和响应速度，能够更好地应对电网中的瞬态变化。

④ 控制策略。无功管理技术也涉及控制策略，通过对无功补偿装置的控制，可以根据电力系统的实际情况，实时调整和控制系统中的无功功率，以维持系统的稳定。

（三）典型场景

智能融合终端部署接入 APP 与台区内有载调压变、SVG、智能电容器、光伏并网微断等进行通信，采集台区数据，并部署统一的无功管理 APP，根据台区电压、功率因数等参数进行多种设备协同调节，实现"台区侧集中式无功补偿+用户侧分布式就地补偿"的高效控制，提升低压配电网的运行效率，辅助运维人员对台区进行整体统筹分析。

① 有载调压变。有载调压变可以在负载运行中通过调节分接头的档位，改变一二次侧电压的变比，从而对二次侧的电压水平产生影响。通过台区智能融合终端与有载调压变进行通信，下发调节动作策略，完成台区侧电压优化。

② 智能电容器+SVG。在台区内安装 SVG，并通过网线与智能电容器组相连组网，实现由 SVG 统筹的无功补偿，进行动态调节，能实时跟踪负载变化，即时补偿无功功率。通过台区智能融合终端与 SVG 进行通信，下发调节动作策略，实现精细化无功电压调控。

③ 分布式光伏+光伏并网微断。光伏逆变器作为光伏发电的核心设备，不仅可以提供有功功率，也可以提供无功功率。在光伏逆变器侧安装光伏并网微断，与逆变器进行通信，并将逆变器数据上送至台区智能融合终端。台区智能融合终端实时调节分布式光伏的无功功率，实现台区分布式无功管理。

图 4-17 为现场典型通信图。

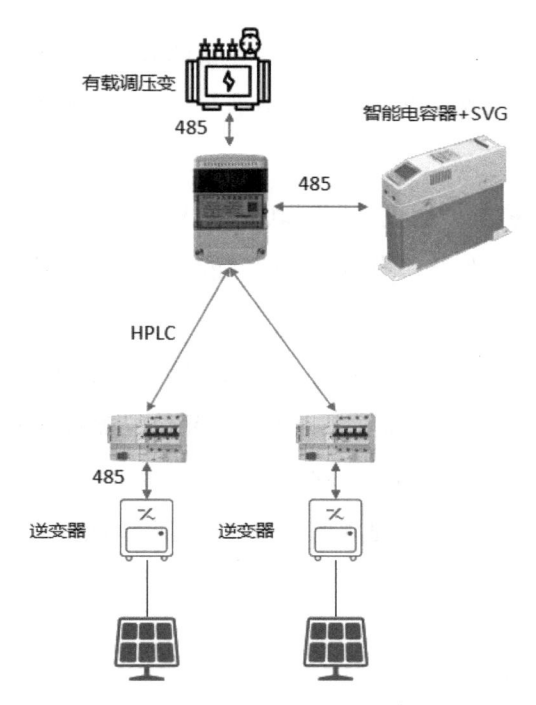

图 4-17　无功管理现场典型通信图

五、台区互联互济技术

（一）定义

台区互联互济技术是指在微电网或分布式能源系统中，不同台区之间通过现代通信和控制技术，实现能量、信息和功能等交流和协调。这种技术可以帮助优化微电网内部的能源利用，增强系统的稳定性和灵活性，同时有助于促进可再生能源的大规模应用和智能能源配电系统的建设。

具体来说，台区互联互济技术的主要特点有以下几个方面：

① 能源协调调度：台区互联互济技术可以实现微电网内部不同台区之间

的能量调度和协调，根据负荷需求和可再生能源产出情况进行灵活分配，提高能源利用效率。

② 故障隔离和恢复：当某一台区发生故障时，台区互联互济技术可以利用其他台区的能源资源和负荷进行平衡调节，实现对受影响台区的快速支持和异地恢复。

③ 优化运行控制：通过台区互联互济技术，微电网系统可以实现对负荷、储能设备和可再生能源发电设备的智能协调和优化控制，从而提高系统的运行效率和经济性。

④ 智能能源管理：台区互联互济技术有助于实现微电网的智能化能源管理，通过数据分析和预测控制，实现对整个系统能源的有效监控和调度。

⑤ 支持可再生能源集成：台区互联互济技术可以更好地支持大规模可再生能源的集成应用，协调处理风电、光伏等可再生能源系统间的波动性和间歇性问题。

（二）技术优势

① 能源灵活调度。台区互联互济技术使得微电网内部的各个台区可以交换能量，从而实现在不同负荷情况下的能源灵活调度和分配。

② 增强可靠性与稳定性。台区互联互济技术带来了多种备用和支持选择，增强了整个微电网系统的可靠性和稳定性。当某一台区出现故障或负载变化较大时，其他台区可以提供支撑，避免全局系统受单点故障的影响。

③ 经济效益。通过能源的共享和协同管理，可以最大限度地利用可再生能源和储能装置，降低整体系统运行成本，提高能源利用效率，也为台区内的用户带来了经济优势。

④ 可再生能源整合。可再生能源波动性大、间歇性等特点使得其接入电网时具有一定的挑战性。通过台区互联互济技术，可以更好地整合和利用可再生能源，弱化对传统能源的依赖，实现清洁能源的高比例利用。

⑤ 智能能源管理。台区互联互济技术使得各台区可以相互通信、协同控制和数据交换，通过智能算法和分布式控制技术实现对能源系统的智能管理，提高了系统的整体智能化水平。

（三）典型场景

在新能源并网场景下，如何将这些丰富的清洁能源进行安全、高效地并网成为亟待解决的问题。柔性直流互联技术以其高效、灵活、环保等优势，成为新能源并网领域的优选方案之一。通过建设柔性直流输电技术，可将新能源发出的电能高效地输送到电网，促进清洁能源的开发和利用。

基于柔性交直流能量路由器构建局域化能源互联网，将台区内光伏、储能、重要交流负荷、交流备用电源，以及充电桩等直流负荷等资源通过能量路由器接入，实现互联互济；通过能量路由器的协调控制能力以及柔性交直流转换能力实现可靠、优质的供用电需求。

通过台区智能融合终端和能量路由器的控制器协同控制，实现能量路由器的电气工况数据采集和接入转换的启停控制，提高台区供用电效率，并在主网故障的情况下，快速切换供电电源，通过微网管理实现供用自治。

白天光伏发电的富余电量会自动存储至储能系统或跨台区消纳；晚上用电负荷增加时，储能系统自动释放电能，辅助调节供需平衡，起到削峰填谷的作用。一般可用于以下场景：

① 小区微电网。在城市居民区，特别是高端住宅区，小区微电网是一个典型的应用场景。在小区微电网中，不同的建筑单元可以作为不同的台区，通过台区互联互济技术，可以实现能源的共享和协调。当某些建筑需要额外能源时，可以从其他建筑单元获取能源，从而最大程度地提高能源的利用效率。

② 工业园区。工业园区通常包含多个工厂、企业和办公区，每个建筑

或生产单元都可以构成一个独立的台区。通过台区互联互济技术，工业园区内不同的企业可以进行能源共享和优化分配。特别是在工业生产的高负荷时段，可以通过台区互联互济技术实现能源的灵活分配和协同运行，从而有效减少高峰期的能源需求。

③ 孤岛电网。在一些偏远地区或岛屿地区，由于地理和气候条件等因素，常常需要建立孤岛电网来保障当地居民和企业的用电需求。孤岛电网通常采用可再生能源作为主要能源来源，通过台区互联互济技术，不同的发电设备可以实现能源共享，减少对传统燃料的依赖，提高可再生能源的利用率。

④ 农村电网及微电网。在偏远的农村地区，常常存在着分散的农村小区，通过分布式能源系统和微电网技术，这些小区可以形成独立的微电网台区。通过台区互联互济技术，不同的农村微电网可以实现能源共享和协调，增强农村地区的电力稳定性和可靠性，同时更好地促进可再生能源的应用和利用。

六、站房环境监测

（一）建设思路

① 标准化。包括辅控系统配套传感器、通信网关、通信方式、通信规约、主站数据模型、设备模型等方面统一标准，应该在软硬件架构设计思路上向台区智能融合终端的设计理念靠拢。

② 需求导向。配置不搞一刀切，而是根据站房重要性和地理位置环境差异，分门别类，按实际需求做到差异化配置，追求较高性价比，实现投入产出效益最大化；对视频监控功能不采用无线传输方式，减少运行成本支出。

③ 充分利旧。对于配电站房，直接利用已有的台区智能融合终端及其与

Ⅳ区主站通信链路实现数据通信；对于已建的存量辅控系统，应最大程度利用其软硬件设施，而不是推倒重来。

④ 大数据共享。在主站数据模型、设备模型等方面统一标准，通过数据中台实现数据共享和高级应用。

⑤ 具备良好的可扩展性。软硬件功能和性能指标具有一定的超前性和良好的可扩展性。随着新型电力系统建设的不断深入，各种新技术新功能会不断涌现和投入使用。比如增加低压分布式新能源大量接入是大势所趋，相应对台区配变负荷自动切换与分配提出了新的要求，就需要软硬件功能和性能指标具有一定的超前性和良好的可扩展性。可扩展性不仅仅是指硬件接口种类数量、硬件性能指标，更是指软件架构的标准化使得同一个新增软件模块能方便地移植到不同厂家的网关上。

⑥ 以最大程度降低日常运维成本作为设计评估的重要指标。为降低投运后的运维工作量、工作难度和运维成本，传感器取电和通信都采用有线模式。

（二）建设方案

1. 总体架构

① 环网站与配电房应采取相同的架构和设计思路，包括网关软硬件设计、通信模式、传感器功能和性能指标要求等。

② 根据信息重要性进行分类，实现信息上送实时性的差异化要求。

③ 充分利用网关自身能力，实现大部分运算在边端就地实现，降低主站运算压力和云边信息交互数据传输压力。

④ 视频监控信息流与动环监测信息传输通道彼此独立，互不干扰。

⑤ 传感器取电和通信都采用有线模式。

⑥ 视频监控信息采用有线汇聚传输方式，站房侧原则上不配NVR（Network Video Recorder，网络视频录像机）。

2. 建设模式

根据全省配电站房辅助监控系统应用现状，现将建设模式划分为基本型、接入型、扩展型和全能型四种类型。

① 基本型：通过融合终端（TTU）和标准型物联代理装置（配电自动化终端 DTU）将站房内温湿度、烟感、水浸信息上送至配电自动化Ⅳ区主站。

② 接入型：通过标准型物联代理装置实现已安装站房监控系统的数据上送，唤醒站所沉睡资源，深度挖掘数据价值。

③ 扩展型：通过标准型物联代理装置实现站内环境信息的全息感知与上送，同步选装柜内监测传感器，辅助开展设备健康状态评价。

④ 全能型：通过智能型物联代理装置将环境信息、状态监测信息、图像视频信息在就近开关站汇聚，利用配电自动化光纤通道通过变电站内网交换机实现全量环境状态信息与图像视频上传至Ⅳ区主站。

3. 配置方案

（1）基本型（见图 4-18）

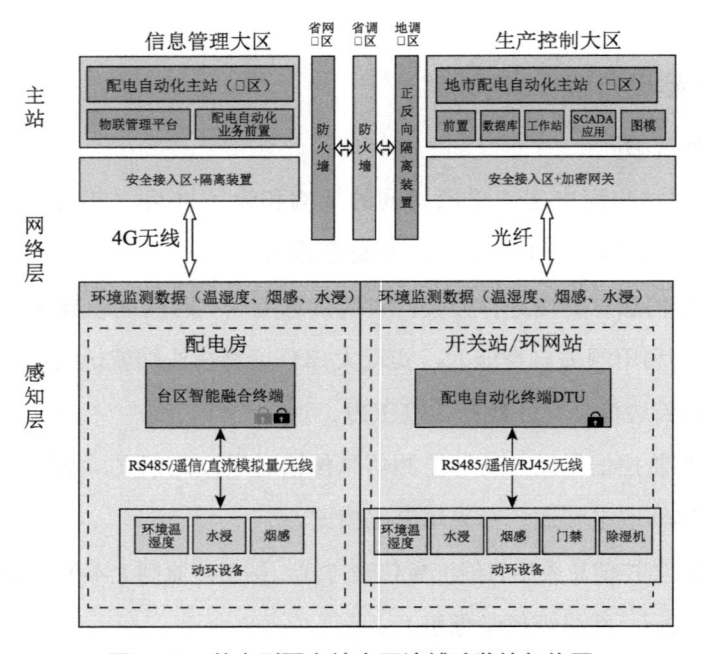

图 4-18　基本型配电站房环境辅助监控架构图

1）应用场景

主要应用在已覆盖融合终端的配电房以及完成配电自动化三遥改造的开关站／环网站。

2）配置标准

主要配置温湿度、水浸、烟感三类传感器：温湿度传感器通过485接口将遥测数据上传至台区智能融合终端或配电自动化终端，采集频率为15分钟／次。水浸、烟感传感器通过I/O接口将遥信数据上传至台区智能融合终端或配电自动化终端，采用变位上送的模式。

3）主站接入方式

融合终端采用无线专网的方式将数据上送至配电自动化Ⅳ区主站；配电自动化终端采用光纤专网的方式将数据上送至配电自动化Ⅰ区主站，Ⅰ区主站将数据通过E文件推送给Ⅳ区主站。

（2）接入型（见图4-19）

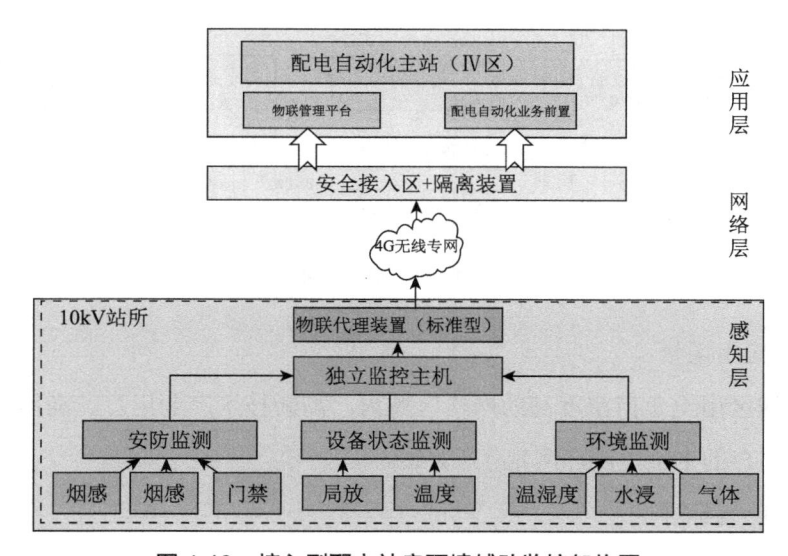

图4-19　接入型配电站房环境辅助监控架构图

1）应用场景

主要应用在各地市自行建成的配电站房监控独立小系统站点。

2）配置标准

在独立小系统站点侧配置一台标准型物联代理装置，实现本地感知数据转发上送。

3）主站接入方式

物联代理装置采用无线专网的方式将数据上送至配电自动化Ⅳ区主站。

（3）扩展Ⅰ型（见图4-20）

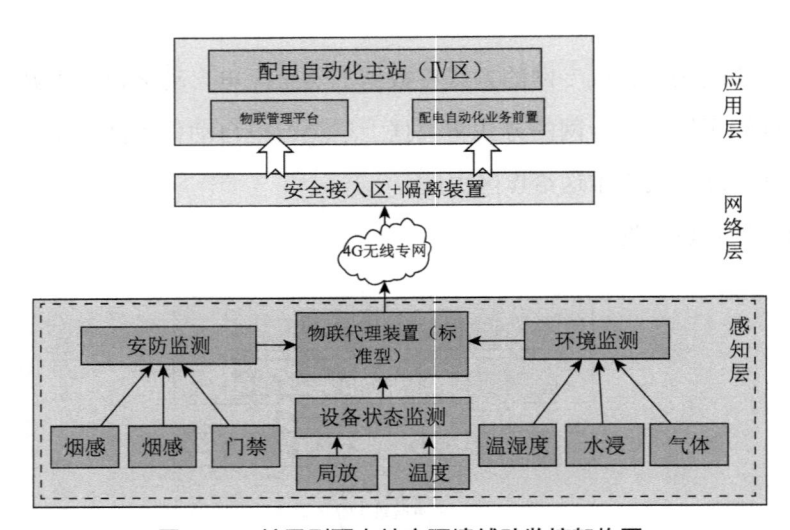

图4-20 扩展型配电站房环境辅助监控架构图

1）应用场景

主城区用电负荷密度高的网格区域内，高新技术产业用户、高用电可靠性需求用户的上级电源环网站/开关站。

2）配置标准

在环网站/开关站内部署一套标准型物联代理装置，配置温湿度、水浸/水位、烟感、门禁、臭氧浓度、SF_6-O_2传感器等站内环境传感器，可选配电缆头测温、局放等柜内状态监测传感器。站内环境传感器的遥测数据通过485接口与物联代理装置通信，遥信数据通过 I/O 接口与物联代理装置通信；柜内状态监测数据上送至汇聚单元后，通过网口与物联代理装置进行通信。

3）主站接入方式

物联代理装置采用无线专网的方式将数据上送至配电自动化Ⅳ区主站。

（4）扩展Ⅱ型

扩展Ⅱ型是在扩展Ⅰ型基础上增加了双变压器经济运行控制功能。具备双变压器经济运行轮流转换功能、双变压器分列运行转经济运行功能、双变压器经济运行转分列运行功能、母联（分段）备自投功能、自恢复供电功能负载管理功能。

（5）全能型

1）应用场景

国内外重要活动会议场所、各级党政机关等重要用户上级电源环网站/开关站，运行环境恶劣、故障频发环网站/开关站。

2）配置标准

在环网站/开关站内部署一套智能型物联代理装置，配置枪机、球机、红外测温摄像头等站内图像视频设备，温湿度、水浸/水位、烟感、门禁、臭氧浓度、SF_6-O_2 传感器等站内环境传感器，电缆头测温、局放等柜内状态监测传感器。站内图像视频设备通过本地网口与物联代理装置通信，站内环境传感器的遥测数据通过 485 接口与物联代理装置通信，遥信数据通过 I/O 接口与物联代理装置通信；柜内状态监测数据上送至汇聚单元后，通过网口与物联代理装置进行通信。

3）主站接入方式

各开关站环境、视频数据接入智能型物联代理装置，由变电站就近开关站的物联代理装置做数据汇集通道，通过光纤和变电站内网交换机通信，然后通过内网将环境量测数据传到Ⅳ区主站业务前置，将视频数据传到视频平台，Ⅳ区主站开发接口调取视频平台的实时视频并开发高级应用。

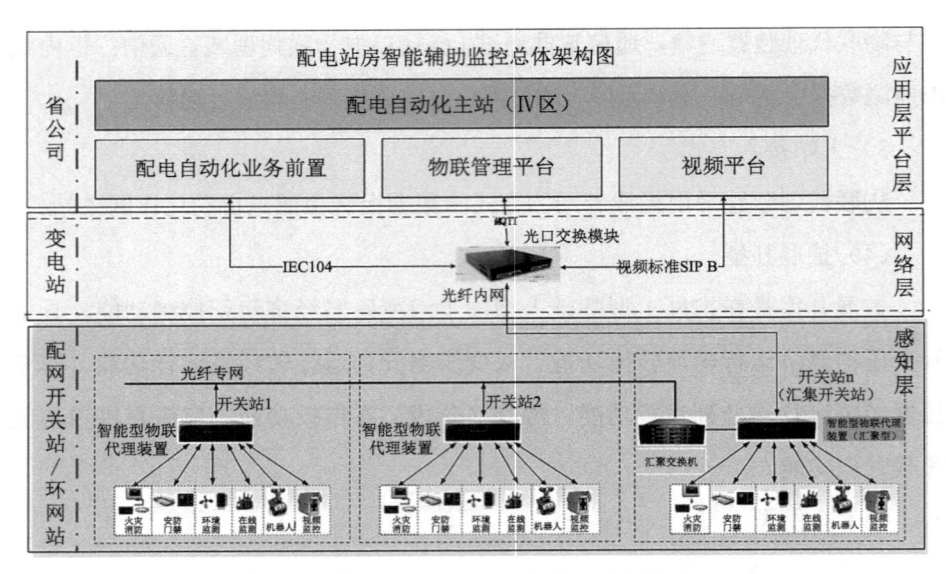

图 4-21　全能型配电站房环境辅助监控架构图

第五章　分布式电源接入及调控技术

一、分布式电源现状

(一)分布式光伏

目前，浙江公司 10kV 配电网接入的光伏 6847 户，装机容量 11988MW；0.4kV 并网公用配变数 96911 台，装机容量合计 7443.7MW。随着高比例分布式光伏接网运行，配电网从传统无源网络向有源网络转变，对配网原有的管理体系和技术有了新的考验，由此对配电网产生的冲击日益增加。随着全省范围内 30 个整县光伏工程推进，大量分布式新能源接入系统，409 个台区因光伏接入造成反向重过载。按照并网容量占配变容量的比率来看，占比为 25%～50% 的光伏台区达 4010 个，占比为 50% 以上光伏台区达 1477 个，配电网易出现潮流大容量倒送现象，导致并网点电压波动剧烈和电压越限。在新能源感知和控制方面，目前只完成示范区域试点应用，对光伏设备的监测水平和调控能力仍然有限，无法满足对运行光伏设备可观、可测、可调、可控的要求。

（二）充电桩及电动汽车

随着农村居民收入的增加，在新能源汽车下乡政策的支持下，新能源汽车在农村的发展将迎来重大突破。目前，浙江新能源汽车保有量146.77万辆，占比8.6%；到2025年，浙江新能源汽车保有量预计达398万辆，其中农村地区预计达64万辆。在充电桩方面，到2025年，全省公用充电桩将达到18.98万个，其中农村约4.25万个（新增2.05万个）；全省个人桩将达到240万户，其中农村约43.9万户（新增20.44万户）。在电网方面，浙江公司农村户均容量达6.88kVA，并且2015年起实施城区新建小区预留充电桩容量。但用电负荷将会迎来新一轮增长，配电网将迎来冲击，主要表现为：在容量预留方面，2015年前老旧小区，电网建设布局与充电设施建设需求不匹配，存在配电网预留容量不足的情况；在充电负荷数据方面，对台区配电网络监控能力不足，没有充分利用充电负荷波动的剩余供电能力，同时存在一定的倒送电安全隐患；在充电时序方面，乡镇小区、农民安置房等居民集聚区充电时段集中，与居民生活负荷峰值基本重叠，在特殊情况下充电同时率较高时，可能造成配变重过载；在电能质量方面，在充电桩充电时电压偏移加大，渗透率增大时，部分末端节点电压将会越限，引起系统电压三相不平衡。

（三）新型储能方面

随着"负荷过亿"时代的到来，浙江迫切需要发展新型储能以支撑新能源消纳，保障电力供应，提升电力系统安全稳定水平。截至2023年5月底，全省已建成新型储能累计装机超27万千瓦（电源侧项目3个，装机5.5万千瓦；电网侧项目11个，装机15万千瓦；用户侧项目74个，装机7.2万千瓦），在建63万千瓦。主要问题表现为：一是技术和商业模式不成熟，现有新型储能技术经济性不高，不能满足大规模商业应用要求，稳定、可持续的投资收益机制尚未建立；二是新型储能施工调试、并网验收、运行检修、安全环保等技术标准尚不健全；三是长期运行存在安全风险，新型储能特别是电化学储能具有易燃、易爆特征，随着电池能量密度和功率密度的提高，长期运行发生事故的危险性也将增大。

二、光伏发电接入及调控技术

（一）中压光伏接入

随着能源互联网形态下多元融合高弹性电网建设和公司新型电力系统省级示范区的推进，公司网络基础架构日渐复杂，网络安全形势日益严峻，在新型配电网环境下，基于边界的网络安全架构和解决方案已经难以应对如今的网络威胁。零信任的本质是以身份为基础的动态可信访问控制，在引用零信任理念的网络安全架构中，默认情况下不应该信任企业网络内外的任何人/设备/应用，需要基于认证和授权重构访问控制的信任基础，实现"从不信任、始终验证"。在10kV分布式光伏场景，零信任控制器持续评估光伏接入装置及用户的身份和安全状态，做出访问控制决策，在允许访问的情况下，零信任网关建立光伏接入装置和配电自动化Ⅰ区业务的连接，通过零信任代理模块和零信任网关等配合实现装置到生产控制大区通信链路加密，运用零信任安全架构实现对业务的全流程持续信任评估、安全监控和安全态势可视（见图5-1）。

① 在10kV光伏电站边缘物联代理设备内部署零信任Agent，与零信任网关建立IPSec加密通道，采用非对称加密方式实现数据安全传输，满足调度数据网安全接入需求。同时，通过采集边代特征信息、流量日志、系统安全日志，为零信任管理平台持续信任评估提供数据。

② 在配电自动化Ⅰ区业务所在生产控制大区部署零信任管理平台，零信任管理平台主要包括零信任网关和零信任控制器，实现配网边缘安全态势可

视。其中零信任控制器通过持续评估每个装置及用户的身份和安全状态做出访问控制决策；零信任网关用于连接公网与公司内网的边界，与边代建立加密隧道，负责代理并监控边代和配电自动化系统的连接，实现资源端的网络隐身。

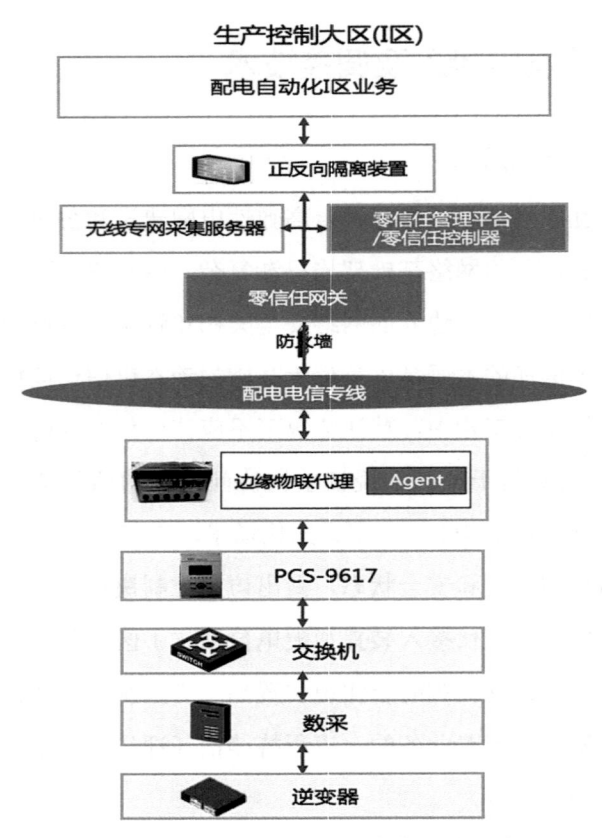

图 5-1　10kV 分布式光伏场景零信任安全防护架构

（二）低压专变光伏接入

智能物联代理装置主要安装在低压专变光伏等场所（可扩展至其他类似应用场景），通过本地监测设备采集信息，最后将监测数据经过加密后送至配电自动化Ⅰ区主站。智能物联代理装置具备边缘计算能力，可实现数据就地处理，采用应用 APP 方式实现各定制功能，可扩展性强；具有以太网、串口、4G、微功率无线通信等通信接口用于系统扩展，支持配电专用国网加密芯片；兼容壁挂及导轨方式安装，可满足各种小空间户外环网箱的安装要求，具有较强的通用性及兼容性。

① 光伏数据综合监测功能。通过 RS485 采集光伏设备运行数据，如逆变器输出电压、电流、功率等遥测数据，告警状态、设备健康状态等事件信息，光伏发电量、上网电量、自耗电量等电量数据，光伏输出电能质量数据以及逆变器厂家、型号、安装时间等档案信息。

② 数据记录及远传功能。装置可实时记录采集的数据，并每 15 分钟主动上送至配电自动化主站。主动上送的模拟量数据可设置。

③ 异常告警功能。可实现设备异常告警数据接入。

④ 本地无线设备通信功能。装置能通过微功率小无线模块，与采用同样无线接入方案的本地采集设备通信。

⑤ 设置功能。可通过 RS232 维护接口或远程主站对装置设置各类参数信息，所有操作必须通过口令验证。

⑥ 对时功能。装置可接收并执行主站系统下发的对时命令，守时精度误差不大于 1 秒 / 天。

⑦ 自检与维护。具有上电自检及自恢复功能，能自动诊断装置的主板、通信模块、时钟等功能模块的工作异常，能自动将装置恢复到正常运行状态。

⑧ 保护功能。装置具有过电压保护、过电流保护、防雷保护、电磁兼容保护等保护功能。

⑨ 安全防护功能。具有密码设定和权限管理功能，防止非授权人员操作；当地和远程采用密码防护；支持配电专用国网加密芯片；所有通信接口均加口令防护，进行安全验证；具有外部硬件看门狗和电源管理功能模块，防止装置死机和掉电数据丢失。

（三）低压分布式光伏接入

低压光伏并网微型断路器实现光伏可观、可测、可灵活调节及可精准控制技术方案架构（见图5-2），具备对下485通信串口和对上HPLC/RF-Mesh通信能力。在台区逆变器具备通信连接及规约支持的条件下，可通过RS485线将逆变器的485串口与低压光伏并网微型断路器的485串口连接，直采逆变器的运行状态和交流输出端电气量信息（如电压、电流、有功功率、无功功率、电能量等）。低压光伏并网微型断路器在采集到逆变器的数据及本身交采数据后通过HPLC/RF-Mesh通信方式将数据传输给融合终端，融合终端充分发挥台区大脑及边缘计算能力，根据内置APP实现台区分布式光伏用户监测、台区光伏防孤岛保护、功率因数调节（逆变器支持条件下）等功能。

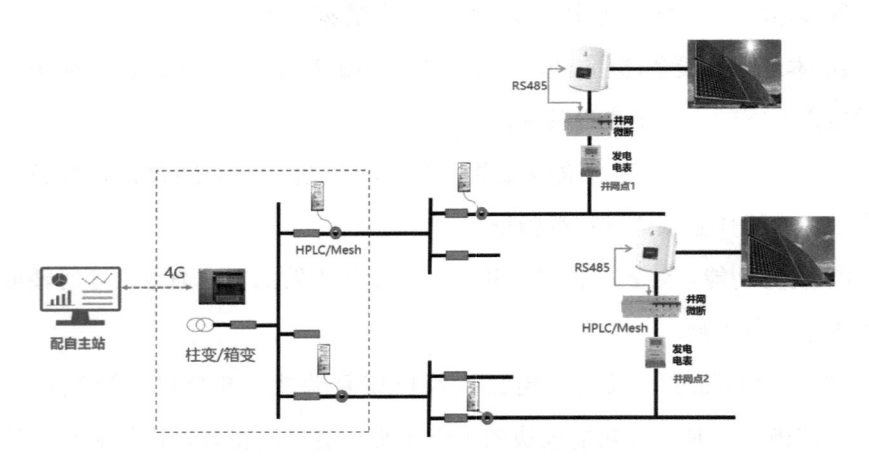

图5-2 低压光伏并网微型断路器应用方案架构

① 分布式光伏用户在线监测。针对具备接入的逆变器，通过RS485线将逆变器与低压光伏并网微型断路器直连，获得逆变器运行状态及相关电气量信息，经融合终端汇聚上送至Ⅳ区主站，完成对应展示。若现场逆变器不具备接入条件，可直接将并网断路器采集的电气量信息及断路器分合闸状态上送至主站，实现并网点的电气量和并网状态在线监测。

② 台区光伏防孤岛保护。依据分布式光伏并网相关规定，当出现过/欠

压时，低压光伏并网微型断路器可控制逆变器关机，防止光伏逆变器孤岛运行。标准的逆变器已具备本地防孤岛保护策略，在逆变器原有防孤岛功能失效后，运用融合终端汇集的台区故障信号进行控制。当台区出现停电或故障，低压光伏并网微型断路器采集到停电或故障信号时，获取光伏逆变器的运行状态。当逆变器同时关机后，将停电或故障事件及逆变器防孤岛保护动作通过融合终端上送至Ⅳ区主站；而当逆变器仍在并网运行时，低压光伏并网微型断路器主动分闸，防止逆变器孤岛运行，并将事件上送至Ⅳ区主站。在此基础上，融合终端在获取到停电或故障信息时，监测逆变器并离网状态及低压光伏并网微型断路器分合闸状态，若逆变器在并网且低压光伏并网微型断路器合闸状态下，下发低压光伏并网微型断路器分闸指令，进一步防止逆变器孤岛运行。

③ 功率因素调节（逆变器支持无功输出调节）。融合终端结合台区各个监测点的运行工况，根据已配置调整策略，在台区功率因素低于设定阈值时，下发控制指令到可支持逆变器无功输出，调节逆变器输出一定比例无功电能，实现分布式光伏无功出力的就地控制，最大化利用现有设备实现低压台区的无功调节，避免集中式补偿设备的大量投入。

三、储能电源接入及调控技术

储能是综合能源管理的重要组成部分，逐步在负荷响应管理中发挥重要作用。根据接入场景，电网侧储能主要分为三类：

① 面向分布式光伏接入场景。针对大规模分布式光伏接入电网带来的配电台区反向重过载、末端过电压问题，在配电台区变压器低压侧、低压线路中段位置或 0.4kV 配电线路末端合适位置配置储能系统，缓解台区反向重过载，改善台区末端过电压现象，配电台区配置的储能系统以

100～400kW·h 容量的储能柜为主，可实现负荷调节、电压越限和三相不平衡治理等功能。储能系统通过 485 线或无线通信接入智能融合终端，通过智能融合终端调控策略开展日常充放电操作，并通过智能融合终端将储能运行数据上传至配电自动化主站。

② 面向重要负荷可靠供电场景。针对重要负荷备用电源、临时供电保障需求，配置移动储能电源车，用作热备用电源接入负荷供电点，实现对重要负荷不间断供电；或用作临时供电保障接入负荷供电点，提供短时间临时供电保障。移动储能电源车具有模块化、响应速度快、转换效率高、功能灵活可控以及快速可移动的特点，可支撑保供电、临时供电和不停电作业等场景应用。移动储能车主要通过 5G 通信模块，将车载储能系统的运行数据和定位坐标接入配电自动化主站。

③ 面向偏远地区可靠供电场景。针对偏远地区与电网联系比较薄弱或大电网未覆盖的情况，配置储能系统与区域内电源、负荷构成并网型或离网型微电网系统，可发挥功率调节性能，提高当地区域电网供电的可靠性和稳定性，缓解电网供电投资建设压力。储能在微电网系统中主要实现区域源荷平衡，支撑电源的孤岛运行，一旦电网失电后储能可作为主电源实现对负荷的"零感知"供电，提升区域供电可靠性。微网系统通过物联代理装置将储能运行数据上传至配电自动化主站。

四、其他分布式发电接入及调控技术

浙江省内小水电"昼发夜停"、负荷"峰谷倒置"，部分区域水光"抢通道"等问题突出，电力供需平衡难度增大，资源承载压力大。以丽水为代表的地市公司积极探索小水电接入和调控技术，探索源荷平衡协调管控。

在丽水区县分公司开展试点，在辖区内水电站配置 1 套多功能综合采集终端，实现水电站的可观、可测、可调、可控的"四遥"功能，支撑配网 AVC 无功优化控制等功能应用；加强清洁能源模型管理，在同源维护套件和配电自动化系统中构建信息标准化模型体系，直观展示水电等清洁能源接入位置，强化基础图数支撑；推进小水电清洁能源直采接入，因地制宜选用光纤、北斗、4G+ 量子等通信手段，通过新增就地协控装置，推动清洁能源直采接入 OPEN 5200 主站，实现遥测、遥信采集以及遥控、遥调控制。

第六章　配网数字化的通信技术

一、中压侧通信技术

（一）配电数字化中压通信系统概述

配电自动化通信系统是配电自动化的重要组成部分，是配电自动化主站（子站）与终端信息交互的媒介，是配电自动化系统可靠运行的重要保障。配电自动化通信系统与电力系统其他通信系统相比具有点多、面广、运行环境恶劣等特点，其技术体制的选择影响配电自动化整体建设投资，运行维护直接关系到配电自动化系统的安全稳定运行。

（二）配电数字化中压通信系统架构

配电自动化系统通信网络是实现配电自动化系统Ⅰ区主站（子站）和配电自动化终端之间数据传输、馈线自动化功能、信息交互的关键所在，建设高速、双向、集成的通信系统是实现配电自动化系统安全稳定运行的基础，是建设坚强智能配电网的主要内容之一。配电自动化系统典型的通信方式接入架构如图 6-1 所示，配电自动化中压通信系统由骨干层通信网络、接入层通信网络组成。

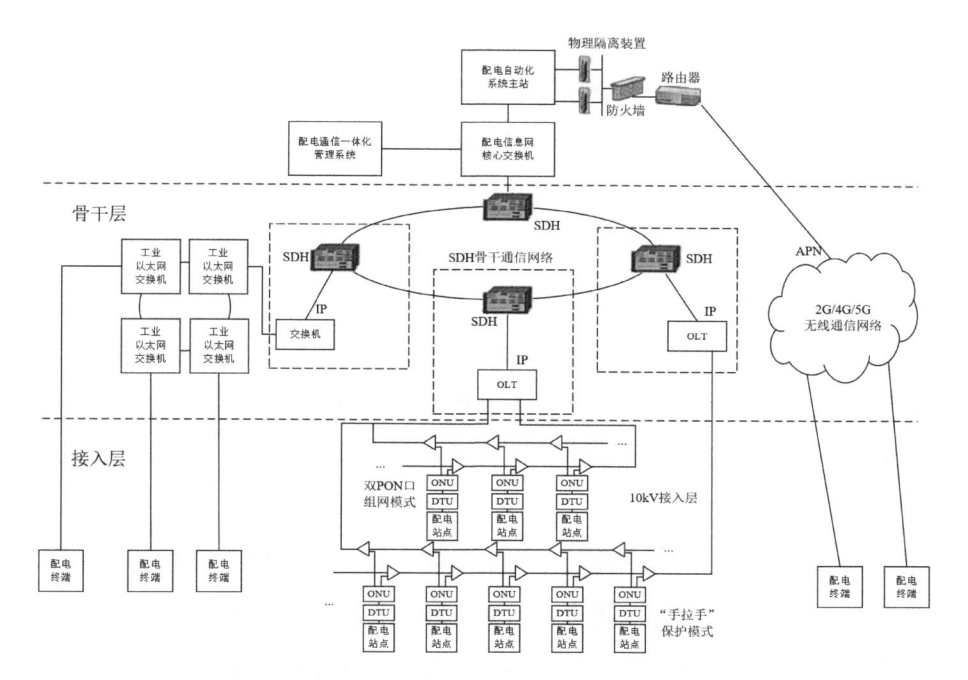

图 6-1　配电自动化系统典型的通信方式接入架构

1. 骨干层通信网络

骨干层通信网络承载了通信主站、子站、变电站间的数据传输，一般采用光纤传输网方式，少量采用工业以太网技术，实现了通信网络的汇聚传输。具体业务流向为：变电站内 OLT（Optical Line Terminal，光线路终端）汇聚下挂 ONU（Optical Network Unit，光网络单元）设备数据后，通过 SDH（Synchronous Digital Hierarchy，同步数字体系）传输设备，按照管理界面划分，传输至县公司子站或市公司主站。子站通过 SDH 传输网将数据再传输至市公司主站。

2. 接入层通信网络

接入层通信网络实现了变电站和配电站房、开闭所、开关站等站所终端之间的通信，且主要通过有线通信方式。

由于配电自动化通信系统的建设受一次网架结构、施工、成本以及信安全等因素制约，在智能配电网通信方式的选择上，应结合实际，兼顾技术性和经济性来搭配选择。配电通信网接入层覆盖数量众多、分布广泛的配电自动化终端，通信网络规划组建极为复杂，是配电通信网的重点和难点。

3. 架空线路终端

除了站房内的站所终端外，线路上还有柱上开关（FTU）及故障指示器，用来辅助配电网精益化管理。

柱上开关的终端与开关本体依靠航空连接器连接并通信，终端通过无线专网、"2G/4G/5G 网络 + 安全认证措施"接入主站。常见功能有重合闸、定值管理、故障选择性保护、开关三遥、故障研判、故障及动作类型上报等。

故障指示器挂在架空线路上，实时监测配网线路三相负荷电流、故障电流等数据，对数据进行加工处理，研判故障类型并就地进行故障告警（翻牌及闪光），并通过无线通信与汇集单元连接；汇集单元具备与主站数据库的双向通信功能，将采集的数据、故障信息上传，主站可远程升级汇集单元程序和调整汇集、采集单元的参数。

此类终端大多部署在户外中压线路上，并不具备光纤或工业以太网接入条件。为了满足配电自动化主站监控需求，此类终端通过运营商提供的"电力虚拟专网 + 安全接入"方式接入主站。以故障指示器为例，故障指示器通过其内部搭载或外部挂载的无线通信模块与基站通信，并通过电力专用 VPN 加密隧道与其他业务逻辑隔离，最终从部署在地市通信机房的运营商传输设备下落，经由互联路由器、防火墙、安全接入区（正反向隔离装置）或其他被认可的安全隔离设备进入主站（见图 6-1 最右侧）。

（三）配电骨干网通信技术

骨干层通信网络应具备较高的生存性和路由迂回能力，为保证光纤线路的通信可靠性，网络可采用双自愈环结构，两条光纤环路互为热备用，典型的电力骨干层通信网络架构如图 6-2 所示：

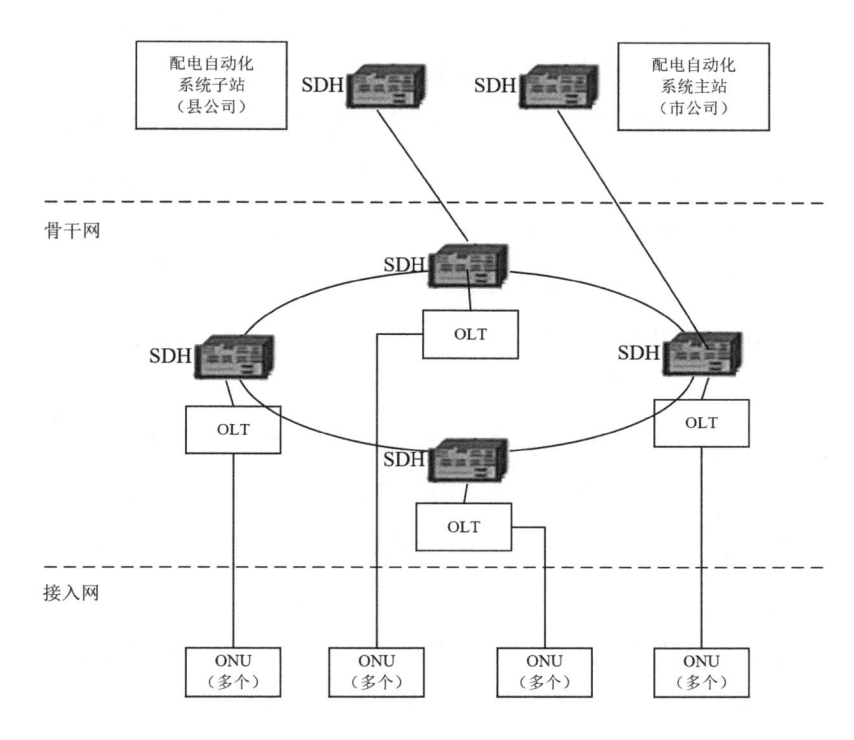

图 6-2 典型的电力骨干层通信网络架构

目前，承载配网数字化业务的电力骨干通信网以 SDH 网络为主，SDH 是一种传输的体制（协议）。这种传输体制规范了数字信息的帧结构、复用方式、传输速率等级、接口码型等特性。在接口方面，SDH 体制对电接口和光接口都做了统一规范，使得 SDH 设备容易实现多厂家互联互通，兼容性大大增强；SDH 采用同步复用方式，可从高速 SDH 信号中直接解复用出低速 SDH 信号，大大简化信号的复接和分接；在运行维护方面，SDH 体系信号的帧结构中安排了丰富的用于运行维护功能的开销字节，以增强网络监控能力；在兼容性方面，SDH 只有一个标准，所有 SDH 设备是兼容的，并且目前 SDH 体系不但可以传输 PDH（Plesiochronous Digital Hierarchy，准同步数字系列）信号，还可以传输 ATM（Asynchronous Transfer Mode，异步转移模式）信号、FDDI（Fiber Distributed Data Interface，设备光纤分布式数据接口）信号、以太网信号等其他体制信号。

骨干通信网是用来连接多个区域或地区的高速通信网，每个骨干通信网中至少有一个连接点与其他骨干通信网相连接。目前，电力通信网典型的省级骨干通信网已建成覆盖总部、区域、省、地、县，连接各级变电站、供电所、营业厅的通信网，实现了四级骨干通信网的分级分层，技术体制主要有 OTN、SDH/MSTP 等。配电骨干通信网主要涉及省地县三、四级骨干通信网。

其中，三级骨干通信网是以省公司为核心，连接各地市公司，覆盖省调直调变电站及电厂的通信网络。地市公司部署的配电自动化子站通过三级骨干信网汇聚至省公司配电自动化主站，可以实现全省配电自动化系统的一体化运行控制、监控与管理。

四级骨干通信网是以地市公司为中心，连接所属各县局，覆盖地调直调电站和电厂的通信网络。四级骨干通信网大多数由变电站构成（骨干通信网末梢或终端通信接入网的上联），实现了对 35kV 及以上变电站、供电所的光纤覆盖，四级骨干通信网接入层以下为终端通信接入网。配电自动化及其他配用电业务（如用电信息采集、配电巡检等）的不断发展，对四级骨干通信网站点的光传输设备接入端口和网络带宽均提出新的要求，须不断提高地区接入层光传输设备传输带宽和端口配置来满足日益增长的业务需求。

（四）配电终端接入网通信技术

配电自动化系统终端通信接入网主要包括光纤专网、配电线载波、无线专网和 5G 硬切片等多种方式，应因地制宜，综合采用多种通信方式，并支持 SDH 工业以太网与无源光网络混合组网通信。

随着现代通信技术的快速发展，配电自动化系统可选择的通信技术种类越来越多。按通信介质划分，配电自动化系统接入层通信网络安装传输介质可划分为无线通信和有线通信两大类。有线通信技术主要包括光纤通信技术（主要为 PON 技术）、中压电力线载波通信等；无线通信技术可分为无线专网和 5G 硬切片等。

在智能配电网通信方式的选择上，应该因地制宜，结合不同的自动化功能需求，综合选用多种通信方式，按经济技术指标来搭配最优组合。下面介绍常用的配电终端通信接入网方式。

1. EPON 技术

随着标准和产业链的快速成熟，EPON 标准和技术逐渐成熟，迅速进入大规模商用阶段，各厂家的 EPON 运维解决方案也日趋成熟。为保证 EPON 网络能够稳定、高效、准确地运行，除现场设备运维检修，EPON 网管系统的监视与维护也尤为重要。

EPON 是基于以太网的一种点到多点的光纤接入技术，它由局侧的 OLT、用户侧的 ONU 以及 ODN 组成。所谓"无源"，是指 ODN 中不含有任何有源电子器件。EPON 网络的上下行数据传输过程也有所不同：在下行方向，OLT 采用广播的方式将发送的信号通过 ODN 送达各个 ONU，ONU 通过识别分组头/信元头的匹配地址来处理相应的数据；在上行方向，采用 TDMA 多址接入方式，ONU 发送的信号只会到达 OLT，而不会到达其他 ONU。

EPON 追求高分光比，为用户提供高带宽互联网接入服务，EPON 设备组网灵活，可与配电网线路结构很好地吻合。典型的 EPON 拓扑如图 6-3 所示，OLT 放在变电站机房，ONU 放在开关站、环网柜和分支箱，可组成星型、总线型和手拉手结构，手拉手保护也可以连接到同一个变电站 OLT 不同的 PON 口上。

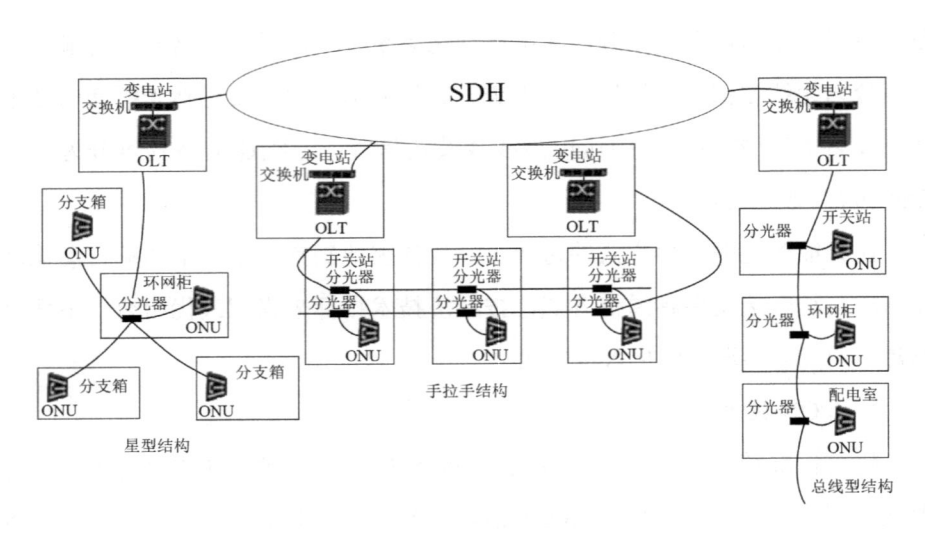

图 6-3 典型的 EPON 拓扑

10kV 变电线路要求更高的可靠性，可选择手拉手结构进行组网 EPON 全链路保护组网，其结构契合双电源手拉手网络，在两个变电站分别布放 OLT，通过两个方向利用 POS 进行级联延伸，每个 ONU 的上行链路都通过双 PON 扣进行链路 1+1 冗余保护，网络架构满足业务可靠性要求。

当变电站覆盖范围内的终端呈近似线性分布时，可采用总线型结构组网。针对分布地域较广、通信节点比较分散的情况，可选择星型结构组网，各分支箱 ONU 经环网柜汇聚至变电站，通过 SDH 传输至主站。

目前，ONU 一般作为外置设备。在施工难度方面，EPON 较无线网络难度更大。

2. 无线通信技术

无线通信按照网络性质分为无线公网和无线专网。相较于光纤通信，无线通信具有安装方便、成本低、抗自然灾害能力强等优点，是对光纤通信很好的补充。尤其是对于城市郊区、农网中一些偏远的站点来说，敷设光纤成本比较高，无线通信是一种很好的替代解决方案。

目前部分中压线路上终端由于架构、工艺、规划等原因，通过无线公网技术接入主站，满足业务便捷接入需求。

3. 5G 终端接入应用试点

除了有线技术外，运营商 5G 硬切片技术也为部分涉控业务终端接入主站提供了新思路。

5G 网络硬切片技术是将一个物理网络切割成多个虚拟的具有近似物理隔离强度的端到端的网络，不同的虚拟网络服务于不同场景、不同的企业，任何一个虚拟网络发生故障都不会影响到其他虚拟网络，主要通过电力终端到运营商基站空口的 RB 资源静态预留技术、运营商传输网的 FlexE 技术、电力侧的 UPF 下沉技术，来保证数据间的隔离。

在保证数据安全可靠的前提下，具体通信链路如图 6-4 所示。

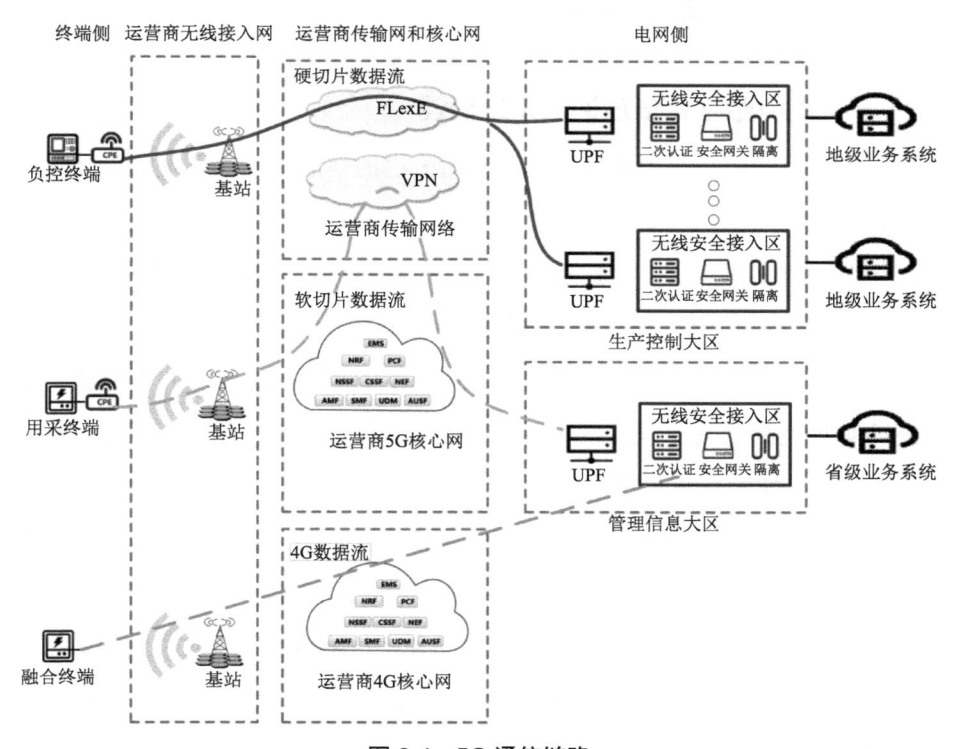

图 6-4　5G 通信链路

终端设备通过光纤或者网线与电力 CPE 设备进行连接，CPE 设备作用与 ONU 相当，内部有电力专用 5G SIM 卡，作为站内终端接入主站的接入层通信设备。CPE 设备通过天线与附近 5G 基站互联，通过独占的 RB 资源，进入运营商的传输网中，最终将数据包经由电力专线送至运营商放在地市主站的传输设备，再经过下沉式 UPF、防火墙、安全接入区，最终进入地市主站。

5G 硬切片技术作为光纤技术的补充，弥补了部分站点接入条件上的欠缺，为配电数字化中压通信系统稳定运行提供了新的支撑。

二、低压侧通信技术

（一）配电数字化低压通信系统概述

低压配电通信系统的数字化是指利用先进的信息技术将传统的低压配电系统升级为智能化、自动化的系统。这种数字化转型使得配电系统具有更高的可靠性、效率和安全性，并且为监测、控制和管理提供了更多的可能性。数字化低压通信系统通常包括以下关键组件和功能：

① 智能仪表和传感器。通过安装在不同节点的智能仪表和传感器，系统能够实时监测电流、电压、功率等参数，并收集环境数据，如温度、湿度等，以便进行实时分析和决策。

② 通信网络。建立稳定可靠的通信网络，使得各个设备能够互相通信和协作。通常采用有线或无线通信技术，如以太网、Wi-Fi、Zigbee 等。

③ 数据采集和处理。通过数据采集设备将传感器和仪表收集到的数据发送到中心控制系统，中心控制系统对数据进行处理、分析和存储，并根据需要做出相应的控制决策。

④ 远程监控和控制。运用远程监控和控制技术，使得运维人员可以随时

随地通过互联网对配电系统进行监测和控制,及时发现并处理问题。

⑤ 智能分析和优化。利用数据分析和人工智能技术,对系统运行数据进行分析和挖掘,发现潜在问题并提出优化建议,以提高系统的运行效率和性能。

⑥ 安全性和可靠性。加强系统的安全性和可靠性设计,包括数据加密、权限管理、故障自愈等功能,确保系统的稳定运行和数据的安全性。

通过数字化低压通信系统,配电系统运维人员可以更加方便地监控和管理电力设备,提高系统的运行效率和可靠性,降低能源消耗和维护成本,从而实现智能能源管理和可持续发展的目标。

(二)配电数字化低压通信系统架构

低压配电网实现了以台区智能融合终端为核心的"云、管、边、端"配电物联网技术架构体系如图 6-5 所示,融合终端通过 4G、5G 或者光纤通信等技术上传数据至配电物联网云平台。融合终端通过配电网设备间全面互联、互通、互操作,实现配电网全面感知、数据融合和智能应用,满足配电网精益化管理需求,支撑能源互联网快速发展。在应用形式上,配电物联网具有终端即插即用、设备广泛互联、状态全面感知、智能分布部署、应用模式升级、业务快速迭代、资源高效利用等特点。其中,"硬件平台化、软件 APP 化"的台区智能融合终端是建设配电物联网的核心装备。

(三)低压配电终端组网通信技术

围绕构建全景状态感知配电物联网的通信组网需求,目前主要有以下三种技术方案用于构建本地通信网络:

1. HPLC 组网形态

HPLC 即电力线高速宽带载波通信组网。该通信方式是把载有信息的高频信号加载于电流,利用各种等级的电力线传输,接收信息的调制解调

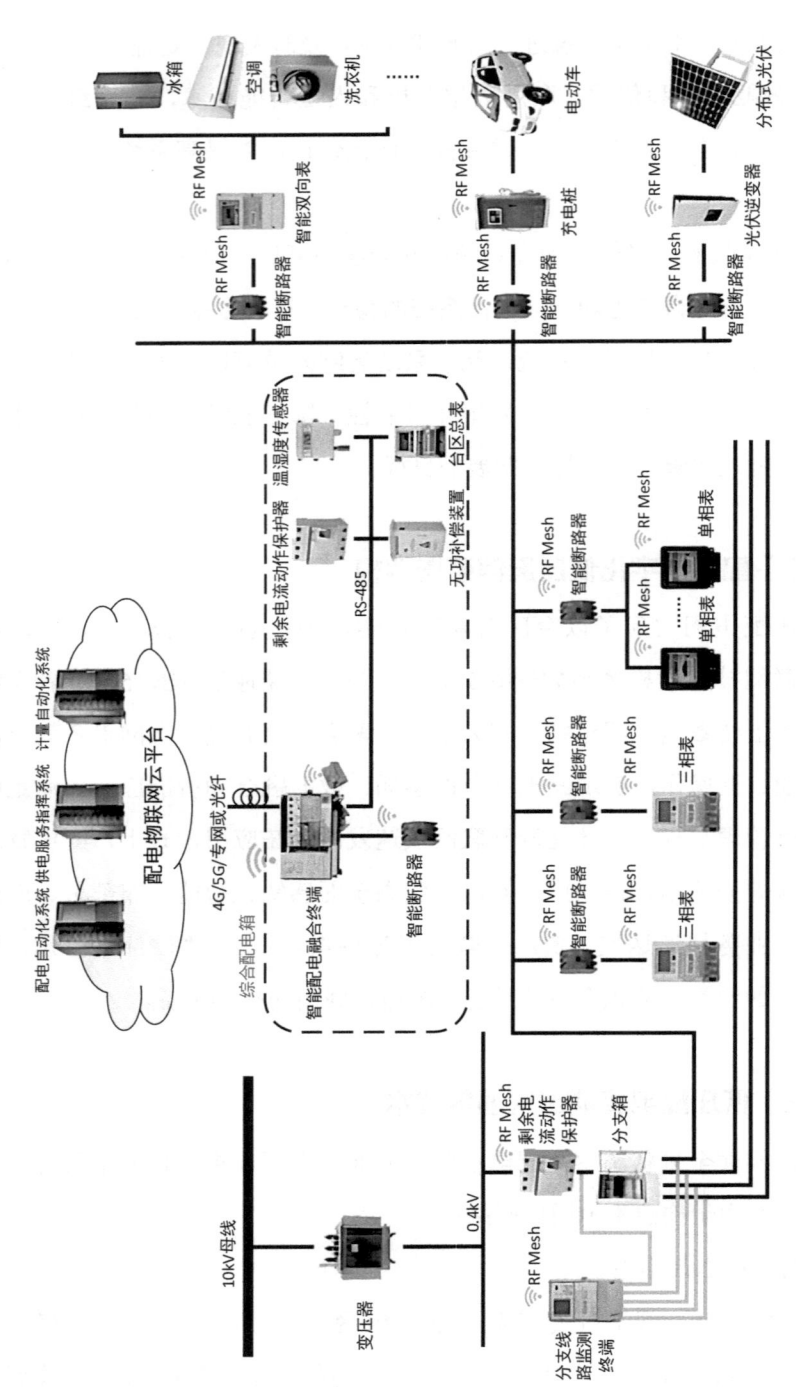

图 6-5 配电物联网技术架构体系

器再把高频信号从电流中分离出来,并传送到电力线宽带用户终端。依赖电力线信道传输的高速率、低时延、高可靠性的本地网络通信技术,在 0.7～12MHz 频率范围内可选四个传输频段,可根据现场用电环境自行调节,传输带宽为 2.2MHz 至 10MHz,传输速率为 1MKbps（最大）,采用 OFDM 调制方式,对抗脉冲噪声与信道快衰落;通过双二元 Turbo 编码技术、交织技术、分集拷贝技术,增强数据传输可靠性。目前,在营销专业的集中器与智能电表之间已构建起 HPLC 本地通信网。

低压电力网络的电线网络拓扑结构可以视为一个树状的星形拓扑结构,在电力载波通信网络分支中形成网状,如图 6-6 所示。

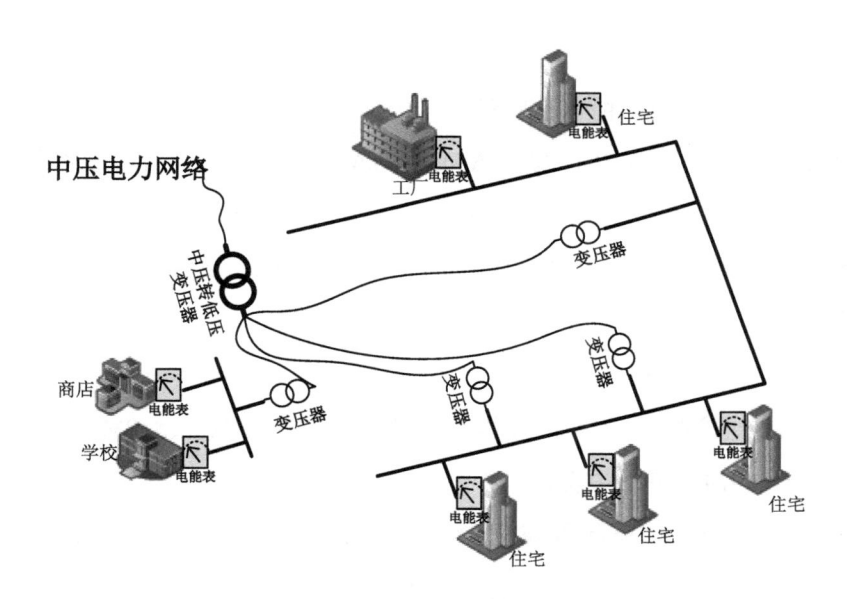

图 6-6 电力载波通信网络拓扑结构

一个变压器往往服务几百个电力用户,对于电力信息采集系统,HPLC 通信网络一般会形成以集中器（CCO）为中心、以代理节点（PCO）为中继代理,连接所有采集器（STA）多级关联的树形网络（如图 6-7 所示）。

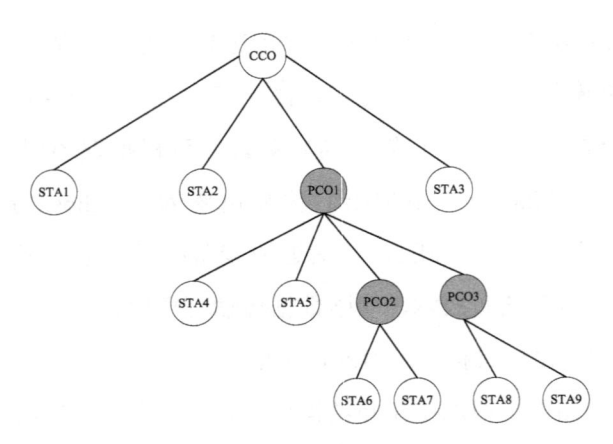

图 6-7 多级关联的树形网络

CCO：主节点，负责组网控制、网络维护管理等功能，其对应的设备实体为融合终端本地通信单元，负责汇总下端设备上送的信息。

PCO：中继点，为 CCO 与 STA 或者 STA 与 STA 之间进行数据中继转发的站点。

STA：在本地通信网络架构中属于从节点，对应端设备，负责上送采集到的信息。

2. RF-Mesh 组网形态

该通信方式组网的网络工作频率主要有 470MHz～510MHz 频段和 920.5MHz～924.5MHz 频段。

470MHz～510MHz 频段发射功率不大于 50mW；在 200KHz 带宽内，传输速率为 50Kbps（最大）；支持 OFDM 调制方式，子载波映射方式支持 BPSK、QPSK、16QAM；采用跳频通信，每秒 50 跳（跳频驻留时间间隔 20ms）。在额定发射功率下，开阔场地点对点通信距离可达 500m；在实际的居民用电环境中，通过多级中继路由，有效通信覆盖半径可达到 300～2000m。

920.5MHz～924.5MHz 频段发射功率不大于 2W；在 250KHz 带宽内，传输速率为 50Kbps～300Kbps；目前支持 GFSK 调制方式，未来支持 OFDM 调制方式；采用跳频通信；在实际调制发射功率为 1W（30dBm）的情况下，开阔场地点对点通信距离可达 1～2km，室内或跨楼层通信 3～4 层；在实际的居民用电环境中，通过多级中继路由，有效通信覆盖半径可达到 500～3000m。

RF-Mesh 组网方式根据现场的实际业务应用，根据网络规模和应用场景，可有简单组网、标准组网和完整组网等三种网络形态。

① 简单组网。选取某一普通的节点作为网络拓扑中的根节点，向下延伸组建小型网络（如图 6-8 所示）。

② 标准组网。以融合终端等设备作为根节点，组建 RF-Mesh 网络（如图 6-9 所示）。

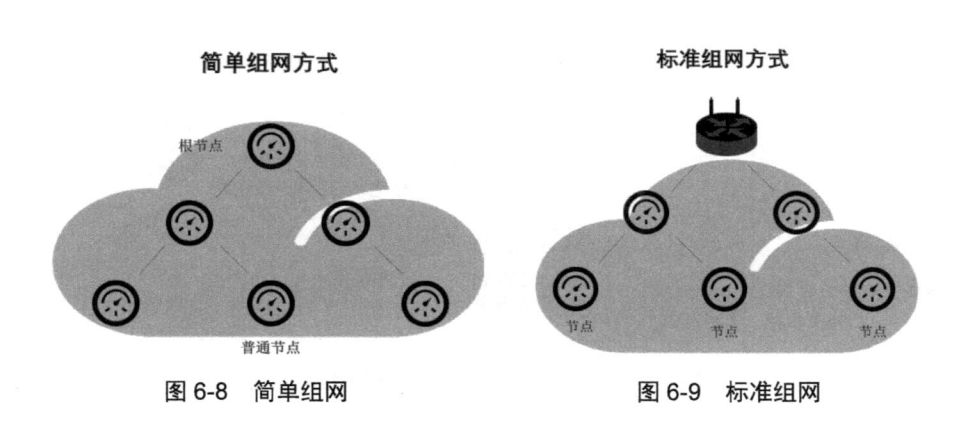

图 6-8　简单组网　　　　　　图 6-9　标准组网

③ 完整组网。由融合终端等设备组建各自大网，还增加了网管系统和各种边缘配置设备（如图 6-10 所示）。

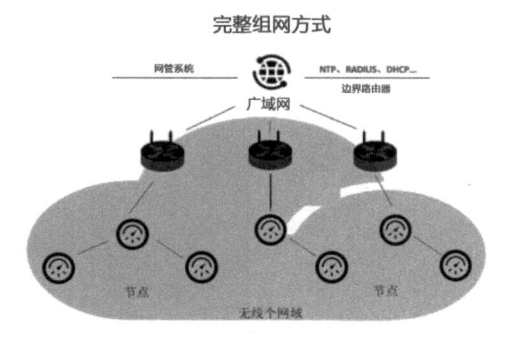

图 6-10　完整组网

3. HPLC/HPLC+HRF 双模组网形态

双模通信技术是在 HPLC 通信技术的基础上，采用了与 HPLC 一致的协议栈模型、相似的物理层协议，兼容的链路层、应用层设计，复用 HPLC 关键技术，增加 HRF 通信技术，实现了与 HPLC 通信技术的自适应兼容，HPLC 和 HRF 两信道组成一张双模通信网，提升了通信技术的性能指标、网络稳定性、业务带宽、环境适应性和业务承载能力（如图 6-11 所示）。

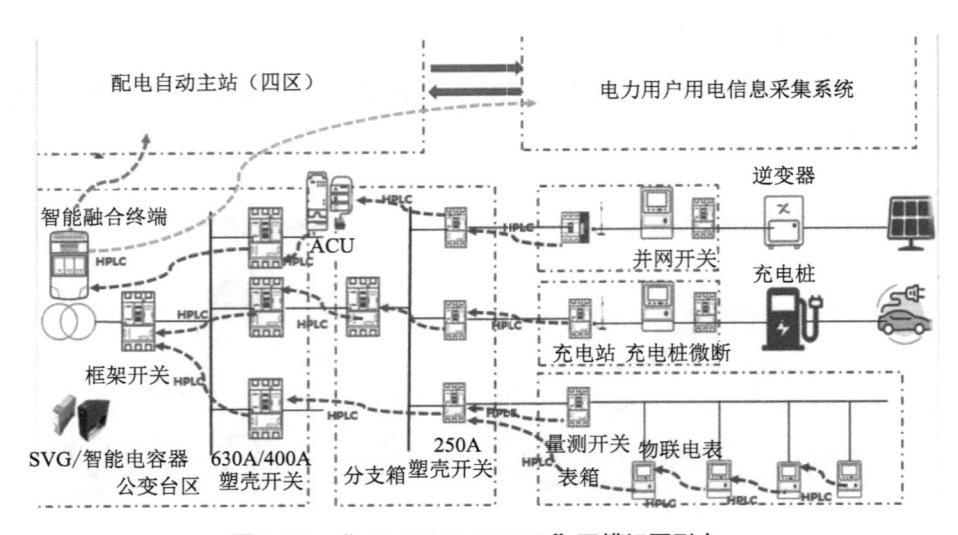

图 6-11 "HPLC/HPLC+HRF" 双模组网形态

第七章　配网数字化的加密技术及安全防护

一、数据加密技术概述

数据加密（Data Encryption），是指将一个信息（或称"明文"，Plain Text）经过加密钥匙（Encryption Key）及加密函数转换，变成无意义的密文（Cipher Text），而接收方则将此密文经过解密函数、解密钥匙（Decryption Key）还原成明文。加密技术是网络安全技术的基石。

密码学到现在为止经历了三个发展阶段：古典密码学、近代密码学、现代密码学。

① 古典密码学。古典密码学是密码学发展的基础与起源，比如历史上第一个密码技术——恺撒密码（见图7-1），还有后面的掩格密码等。这些技术虽然大都比较简单，但对于今天的密码学发展仍然具有参考价值。

② 近代密码学。近代密码学开始于通信的机械化与电气化，为密码的加密技术提供了前提，也为破译者提供了有力武器。计算机和电子学时代的到来给密码设计者带来前所未有的自由，他们可以利用电子计算机设计出更为复杂、保密的密码系统。

明文的字母由其它字母或数字或符号代替

A	B	C	D	E	F	G	H	I	J	K	L	M
0	1	2	3	4	5	6	7	8	9	10	11	12
N	O	P	Q	R	S	T	U	V	W	X	Y	Z
13	14	15	16	17	18	19	20	21	22	23	24	25

C（密文）= E(p) = (P+ k) mod (26)
P（明文）= D(C) = (C −k) mod (26)

图 7-1　凯撒密码

③ 现代密码学。古典密码学和近代密码学，都算不上真正意义上的科学。1949 年香农发表了一篇名为"保密系统的通信理论"的著名论文，该文将信息论引入密码，奠定了密码学的理论基础，开启了现代密码学时代。由于受历史的局限，20 世纪 70 年代中期以前的密码学研究基本上是秘密进行，主要应用于军事和政府部门。密码学的真正蓬勃发展和广泛应用是从 20 世纪 70 年代中期开始的。1977 年美国国家标准局颁布了数据加密标准 DES，用于非国家保密机关，该系统完全公开了加密、解密算法，此举突破了早期密码学的信息保密的单一目的，使得密码学得以在商业等民用领域广泛应用，给这门学科以巨大的生命力。1976 年，美国提出了著名的公钥密码体制。1978 年，美国麻省理工学院提出了 RSA 公钥密码体制，它是第一个成熟的、迄今为止理论上最成功的公钥密码体制。

在现代密码学中，除了加密技术外，还有另一方面的要求，即信息安全体制抵抗对手的主动攻击。主动攻击指的是攻击者可以在信息通道中注入自己伪造的消息，以骗取合法接收者的信任。主动攻击可能篡改信息，也可能冒名顶替，这就产生了现代密码学中的认证体制。该体制的目的就是保证用户收到一个信息时，能验证消息是否来自合法发送者，同时还能验证该信息是否被篡改。在电力的许多场合中，加密和认证技术均配合使用，如接入生产控制大区的配电终端通过安全接入区接入配电主站的过程就包含认证和数据加密，能对抗主动攻击的认证体制甚至比信息保密还重要。

在现代密码学发展上，国内外的发展趋势都趋向更加复杂、更加安全的加密算法和协议。例如，对称加密算法（如 AES）和非对称加密算法（如 RSA）都在不断发展和改进。此外，随着物联网、云计算等新兴技术的发展，加密技术在这些领域的应用也在不断增加。未来，随着无人应用的增加，网络安全风险也随之加大，身份认证和加密技术将朝着更加安全、更加便捷的方向发展，以满足人类个体以及各种行业应用对信息安全日益增长的需求。

二、非对称加密技术

非对称加密算法，又称"公开密钥加密算法"。它需要两个密钥，一个是公开密钥（Public Key），即公钥，另一个是私有密钥（Private Key），即私钥。因为加密和解密使用的是两个不同的密钥，所以这种算法称为"非对称加密算法"。常见的非对称加密算法有 RSA、SM2、SM9 等，其中 SM2、SM9 为国家商用密码算法。

如果使用公钥对数据进行加密，只有用对应的私钥才能进行解密；如果使用私钥对数据进行加密，只有用对应的公钥才能进行解密（见图 7-2）。

（一）RSA

RAS 算法原理是：根据数论，给出两个素数，很容易将他们相乘，然而给出它们的乘积，想得到这两个素数很困难（见图 7-3）。

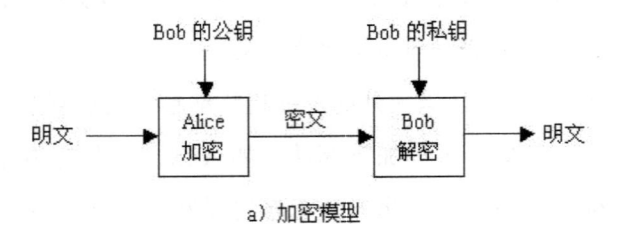

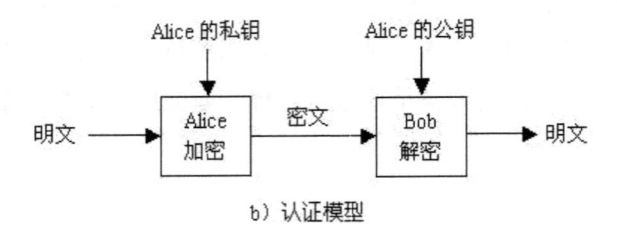

图 7-2 非对称加密原理图

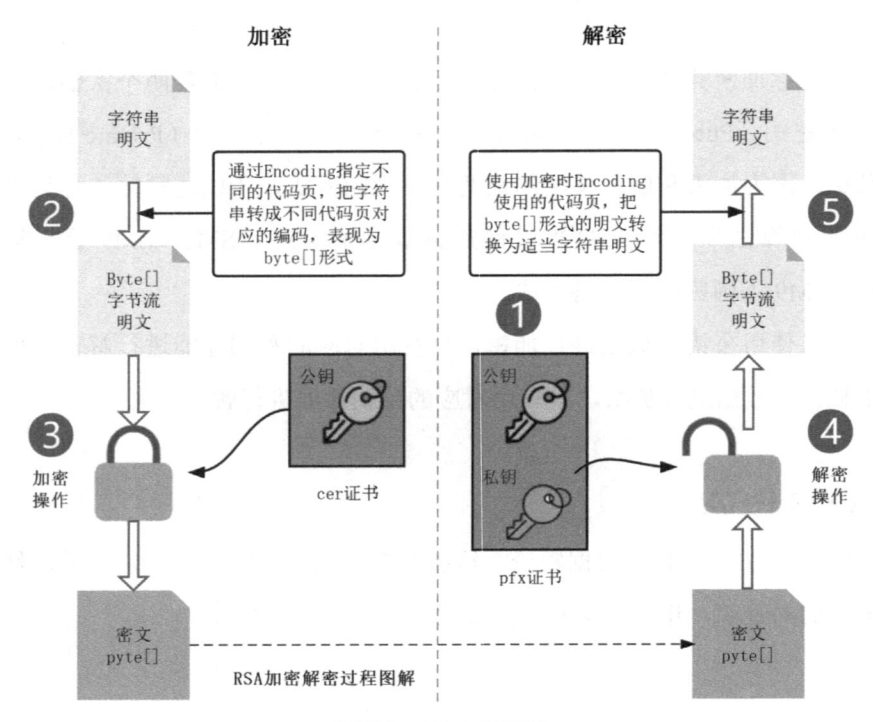

图 7-3 RSA 原理图

1. RSA 公私钥生成流程

① 随机找两个质数 P 和 Q（例如：61 和 53），P 与 Q 越大，越安全。

② 计算 p 和 q 的乘积 n（n=61×53=3233），n 的长度就是密钥长度。3233 写成二进制是 110010100001，一共有 12 位，所以这个密钥就是 12 位。

③ 计算 n 的欧拉函数 φ(n)。根据公式 φ(n)=(p-1)(q-1) 算出 φ(3233) 等于 60×52，即 3120。

④ 随机选择一个整数 e，条件是 1＜e＜φ(n)，且 e 与 φ(n) 互质（随机选择 17）。

⑤ 有一个整数 d，可以使得 ed 除以 φ(n) 的余数为 1。[ed ≡ 1(mod φ(n))，即 17*2753 mode 3120=1]

⑥ 将 n 和 e 封装成公钥，n 和 d 封装成私钥。n=3233，e=17，d=2753，所以公钥就是 3233,17，私钥就是 3233,2753。

2. RSA 加密

首先对明文进行比特串分组，使得每个分组对应的十进制数小于 n，然后依次对每个分组 m 做一次加密，所有分组的密文构成的序列就是原始消息的加密结果，即 m 满足 $0 \leq m < n$，则加密算法为：$c=m^e \bmod n$；c 为密文，且 $0 \leq c < n$。

3. RSA 解密

对于密文 $0 \leq c < n$，解密算法为：$m=c^d \bmod n$。

RSA 算法的保密强度随其密钥的长度增加而增强。但是，密钥越长，其加解密所耗用的时间也越长。因此，要根据所保护信息的敏感程度与攻击者破解所要花费的代价值不值得以及系统所要求的反应时间来综合考虑，作为非对称加密的经典算法，RSA 加密算法在电力市场、主站数据传输等业务中广泛应用。

（二）SM2

随着密码技术和计算机技术的发展，常用的 1024 位 RSA 算法面临严重的安全风险，于是 SM2 椭圆曲线算法取代了 RSA 算法。SM2 算法就是 ECC 椭圆曲线密码机制，但在签名、密钥交换等方面不同于 ECDSA、ECDH 等国际标准，而是采取了更为安全的机制。SM2 标准包括总则、数字签名算法、密钥交换协议、公钥加密算法 4 个部分。SM2 推荐了一条 256bit 的曲线作为标准曲线。椭圆曲线的 Weierstrass 方程为：

$$y^2+a_1xy+a_3y=x^3+a_2x^2+a_4x+a_6$$

密钥生成过程如下。

① 选择椭圆曲线参数：选择一个适当的椭圆曲线作为密码学基础。

② 生成私钥：随机选择一个私钥 d，通常是一个 256 位的随机数。

③ 计算公钥：使用椭圆曲线上的点运算，将基点 G（椭圆曲线上的固定点）与私钥 d 相乘，得到公钥 Q。

④ 公钥编码：将公钥的坐标（x，y）进行编码，常用的编码方式为压缩编码或非压缩编码。

与 RSA 算法相比，SM2 性能更优，更安全：密码复杂度高，处理速度快，机器性能消耗更小（见表 7-1）。

表 7-1　RSA 算法与 SM2 的对比

维度	SM2	RSA
算法结构	基本椭圆曲线（ECC）	基于特殊的可逆模幂运算
计算复杂度	完全指数级	亚指数级
存储空间	192～256bit	2048～4096bit
秘钥生成速度	较 RSA 算法快百倍以上	慢
解密加密速度	较快	一般

（三）SM9

与 SM2 类似，SM9 包含 4 个部分：总则、数字签名算法、密钥交换协议以及密钥封装机制和公钥加密算法。这些算法使用了椭圆曲线这一工具。不同于传统意义上的 SM2 算法，SM9 可以实现基于身份的密码体制，也就是公钥与用户的身份信息即标识相关，无须申请、查询和验证、交换数字证书的环节，从而比传统意义上的公钥密码体制有更多优点，省去了烦琐的证书管理等。

SM9 算法以接收方的身份标识作为公钥，接收方持有私钥可以解密密文数据。从国内外标识密码的应用现状可以看出，SM9 应用领域集中在具有标识的应用环境中，如安全邮件（邮件地址为公钥）、物联网安全（设备 ID 作为公钥）、智能终端安全（手机号码作为公钥）中，这主要是由于信息传递双方均拥有一个唯一的标识可以表示身份，符合标识密码中对身份标识的定义。

三、对称加密技术——量子加密技术

对称加密算法是应用较早的加密算法，又称为"共享密钥加密算法"。在对称加密算法中，使用的密钥只有一个，发送方和接收方都使用这个密钥对数据进行加密和解密，这就要求加密方和解密方事先知道加密的密钥。常见的对称加密算法有 AES、SM1、SM4 以及量子加密等，其中 SM1、SM4 为国家商用密码算法。

如图 7-4 所示，对称加密技术包含如下两个过程。

① 数据加密过程。在对称加密算法中，数据发送方将明文（原始数据）和加密密钥进行特殊加密处理，生成复杂的加密密文进行发送。

② 数据解密过程。数据接收方收到密文后，若想读取原数据，需要使用加密使用的密钥及相同算法的逆算法对加密的密文进行解密。

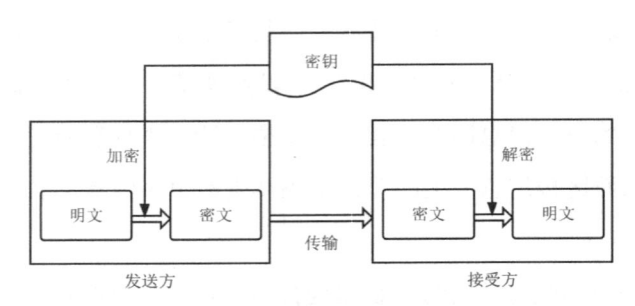

图 7-4　对称加密原理图

（一）AES

AES 加密算法（Advanced Encryption Standard）是一种对称加密算法，也称为"高级加密标准"。它由美国国家标准与技术研究院（NIST）于 2001 年发布，作为 DES 加密算法的替代方案。AES 加密算法使用 128 位、192 位或 256 位密钥对数据进行加密和解密。ASE 算法作为经典的对称加密算法，因为其具有高强度、高速度和易于实现等优点，在电力营销领域有着广泛的应用。

其加密原理如下。

① 密钥扩展。根据 AES 密钥长度进行密钥扩展，生成多个轮密钥。

② 初始轮。将明文数据分成 128 位块，并与第一个轮密钥进行异或操作。

③ 多轮加密。重复进行多轮加密操作，每轮操作包括四个步骤。一是字节替换，将每个字节映射到另一个字节，使用 S-Box 进行替换；二是行移位，对每个 128 位块的行进行循环左移，第一行不移动，第二行左移 1 个字节，第三行左移 2 个字节，第四行左移 3 个字节；三是列混淆，对每个 128 位块的列进行混淆，使用固定矩阵进行乘法运算；四是轮密钥加，将每个 128 位块与下一个轮密钥进行异或操作。

④ 最终轮。最后一轮加密后，将 128 位块与最后一个轮密钥进行异或操作。

⑤ 输出。输出所有块的加密结果作为密文。

（二）SM1

SM1 的算法并没有公开，仅是以芯片中的 IP 核的形式存在。其分组长度和密钥长度均为 128 位。就安全强度来说，SM1 算法和 AES 算法相差无几。目前基于 SM1 算法，已研制加密机、加密卡、智能密码钥匙、IC 卡等产品，这些产品在电子商务、国家政务通、电力等各个领域均有应用。

（三）SM4

SM4 的加密算法和密钥扩展算法是公开的，其分组长度和密钥长度均为 128 位。SM4 以字为单位进行加密运算，一个迭代运算就是一轮变换，共进行 32 轮。每轮的过程如下：每次将第 i+1 个字、第 i+2 个字、第 i+3 个字和轮密钥进行异或操作，然后对操作的结果进行合成置换。合成置换由非线性变换和线性变换复合而成。非线性变换由 4 个并行的 S 盒构成，非线性变换的输出是线性变换的输入。合成置换的结果和第 i 个字进行异或操作，并作为第 i+4 个字。i 从 0 到 31 就完成了 32 轮迭代。每轮的轮密钥由加密密钥通过密钥扩展算法实现。

（四）量子加密

随着计算机运算性能的提升及密码分析技术的进步，特别是量子计算技术的发展，密码算法的安全性受到了严重的挑战。量子计算（Quantum Computing）是利用量子态的性质（如叠加原理和量子纠缠）来执行计算的一种新型技术。由于量子计算机带来了运算算力的提升，量子算法（如 Shor 算法和 Grover 算法）能降低破解传统密码算法的计算难度，使得破解传统的公钥密码算法（如 SM2、SM9 等）成为可能，特别是基于大数因子分解问题和离散对数问题的密码算法易被破解。目前，量子加密技术也在电网中获得了深入的应用（见图 7-5），在配网三遥等业务中进行了广泛的试点工作。

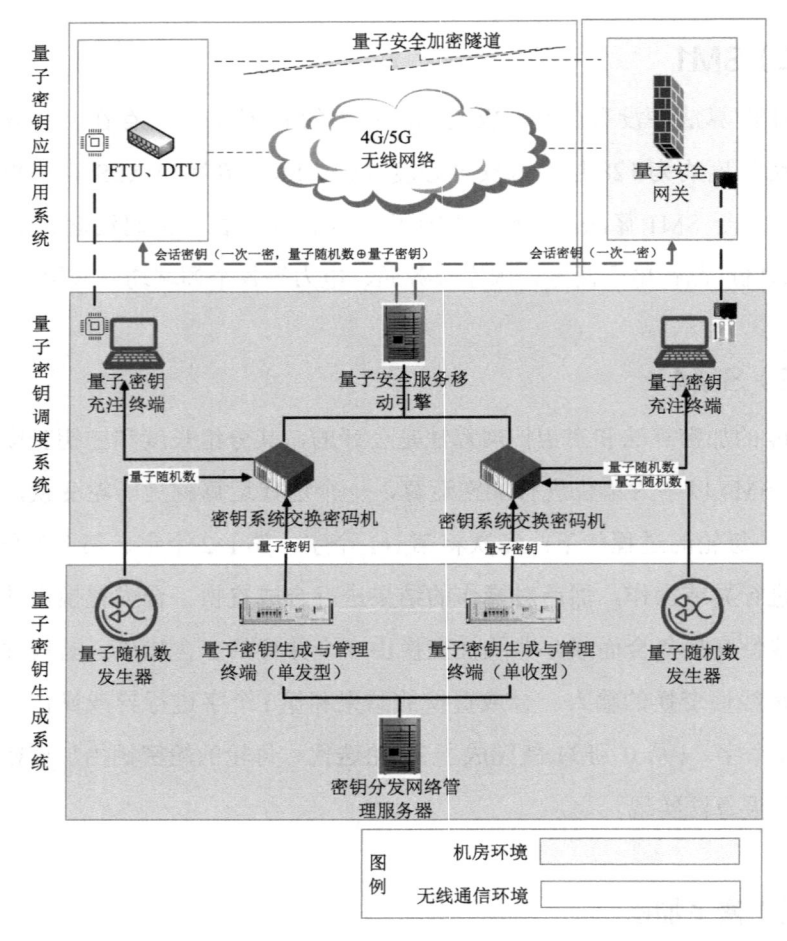

图 7-5　量子安全服务平台系统架构原理图

总而言之，电力行业关乎国计民生，一直依赖国外的商用密码算法存在很大的安全隐患。现在，新型电力系统建设下已开展了使用国家商用密码算法替换国外的商用密码算法的工作，且成效显著。后续，量子加密技术也将成为加密技术的主流算法，国家关于量子技术的研究工作也在稳步推进。但是，如何在国家电网公司的信息系统，如电子商务平台、内外网邮件系统中使用量子加密算法，有待进一步研究。

四、零信任技术

（一）基本概念

零信任，顾名思义，即对任何事务的判断均建立在不信任的基础之上，其核心思想是不应信任内部或外部的任何人/事/物，彼时信任不代表此时信任。因此要对任何接入企业系统的人员、设备、应用以及访问行为进行持续性的安全验证。

零信任体系（ZTS）是一种网络安全架构（见图7-6），它利用零信任概念，基于以身份为基石、业务安全访问、持续信任评估、动态访问控制等关键能力，实现企业全面身份化、授权动态化、风险度量化、管理自动化的防护目标。在零信任架构下，每一次对资源的请求都要经过信任关系的校验和建立，以降低资源访问过程中的安全风险，防止在未经授权情况下的资源访问。

（二）主要技术应用

1. 软件定义边界（SDP）

SDP技术旨在通过软件的方式构建虚拟网络边界，利用基于身份的细粒度访问控制以及完备的权限认证机制，代替广泛的网络接入，为应用和服务提供隐身保护，使网络黑客因看不到目标而无法对企业的资源发动攻击，有效保护数据安全。

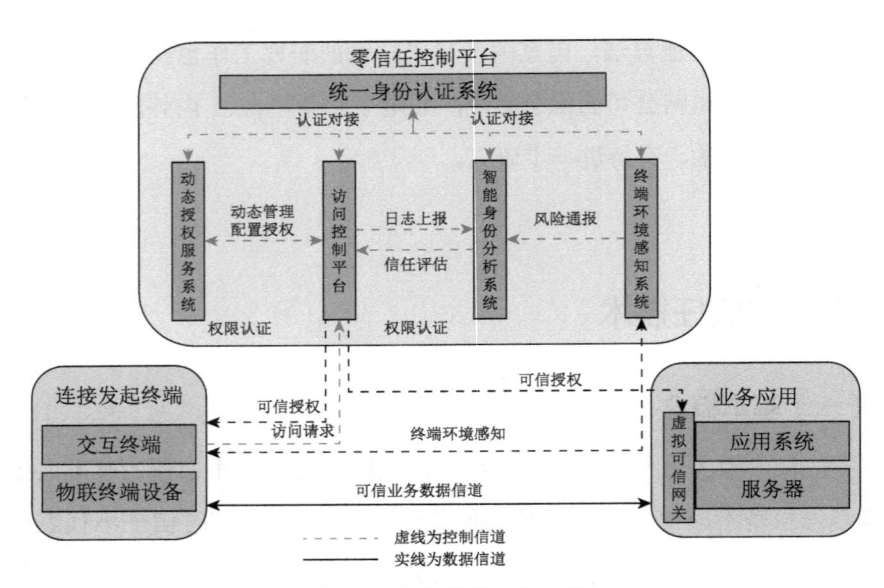

图 7-6 零信任基本构架图

SDP 具有五大特点：① 网络隐身，SDP 应用服务器没有对外暴露的 DNS、IP 地址或端口，必须通过授权的 SDP 客户端使用专有的协议才能进行连接，攻击者无法获取攻击目标；② 预验证，用户和终端在连接服务器前必须提前进行验证，确保用户和设备的合法性；③ 预授权，根据用户不同的职能及工作需求，依据最小权限原则，设备在接入前对该用户授予完成工作任务所需的应用和最小访问行为权限；④ 应用级的访问准入，用户只有应用层的访问权限，理论上无法获取服务器的配置、网络拓扑等信息，无法进行网络级访问；⑤ 扩展性，基于标准的网络协议，便于与其他安全系统集成。

2. 身份识别与访问管理（IAM）

IAM 具有单点登录、认证管理、基于策略的集中式授权和审计、动态授权等功能，它决定了谁可以访问，如何进行访问，访问后可以执行哪些操作等。目前公司与之相关的系统即统一权限平台 ISC。

IAM 涉及四个领域的内容，即身份治理与管理、访问管理、特权访问管理及认证权鉴。① 身份治理与管理用于跨企业在不同应用和系统上提供统一的数字身份认证及访问控制权限管理。②访问管理，由访问控制引擎来实现业务的访问控制，包括统一集中认证、单点登录、会话管理和授权的策略的执行。③特权访问管理，保障特权人员对关键资产设备的安全管理，例如运维堡垒机。④认证权鉴，包含支持的认证凭证及支持的认证方式，如静态、动态口令，Token，基于生物特征的验证方式等。

3. 微隔离（MSG）

微隔离是一种细粒度的网络隔离技术，其使用策略驱动的防火墙技术或者网络加密技术来隔离数据中心、云基础设施以及容器，能够应对传统环境、虚拟化环境、混合云环境、容器环境对于东西向流量隔离的需求，重点用于阻止攻击者进入企业数据中心网络内部后的横向平移。在逻辑上，微隔离将数据中心划分为不同的安全段，每个段可包含混合场景中的不同服务器、虚拟机、应用和进程，可以为每个段定义安全控制和服务。

4. 用户及实体行为分析（UEBA）

UEBA技术提供网络访问主客体的行为画像及基于各种分析方法的异常检测，通常利用基本分析方法（利用签名的规则、模式匹配、简单统计、阈值等）和高级分析方法（监督和无监督的机器学习等），来评估用户和其他实体（主机、应用程序、网络、数据库等）的安全状态，识别偏离用户或实体标准画像或行为基线的异常活动，发现潜在的违规、攻击事件。UEBA通过行为层面的数据源以及各种高级分析，结合传统的基于规则库、专家系统的评估规则，为零信任体系提供了更全面、更有效的安全评分规则。

（三）应用现状

配电网是建设新型电力系统的主战场，在10kV分布式光伏场景，配电业务终端通过生产控制大区（Ⅰ区）配电安全接入网关实现终端身份认证，通过终端芯片实现应用数据加密；在380V低压光伏场景，融合终端通过管理信息大区（Ⅳ区）安全接入网关实现身份认证协商和数据加解密。为了实现光伏友好安全接入，浙江电科院基于目前在零信任网络安全方面的示范经验，结合配网网络现状，计划选取 10kV（量子＋零信任）、10kV（零信任）和 380V（零信任）三个分布式光伏场景进行新型配电网边缘侧零信任安全防护探索（见图 7-7）。

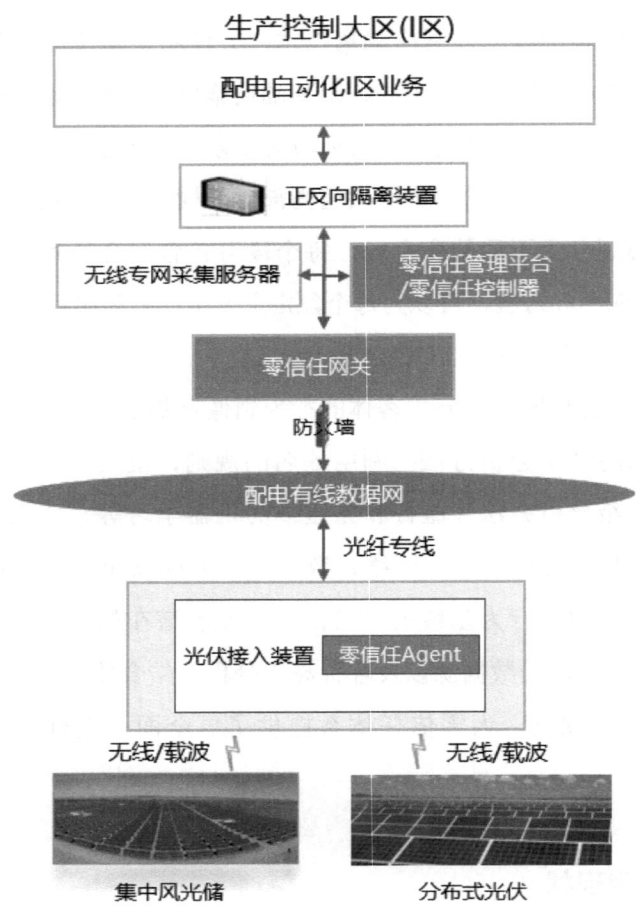

图 7-7　10kV 分布式光伏场景零信任安全防护架构

五、安全防护

(一)安全防护要求

现场配电终端主要通过光纤、无线网络等通信方式接入配电自动化系统,由于目前安全防护措施相对薄弱以及黑客攻击手段的增强,点多面广、分布广泛的配电自动化系统面临来自公网或专网的网络攻击风险,进而影响配电系统对用户的安全可靠供电。同时,当前国际安全形势出现了新的变化,攻击者可能通过配电终端误报故障信息等方式迂回攻击主站,进而造成更大范围的安全威胁。为了保障电网安全稳定运行,配电自动化系统必须满足一定的安全防护要求。

配电自动化系统的安全防护体系,必须能够抵御黑客、恶意代码等通过各种形式对配电自动化系统发起的恶意破坏和攻击,以及其他非法操作,防止系统瘫痪和失控,并由此导致的配电网一次系统事故。

(二)配电主站与配电终端交互安全

配电自动化系统的建设应参照"安全分区、网络专用、横向隔离、纵向认证"的原则,针对配电自动化系统点多面广、分布广泛、户外运行等特点,采用基于数字证书的认证技术及基于国产商用密码算法的加密技术,实现配电主站与配电终端间的双向身份鉴别及业务数据的加密,确保数据完整性和机密性;加强配电主站边界安全防护,与主网调度自动化系统之间采用横向单向安全隔离装置,接入生产控制大区的配电终端均通过安全接入区接入配电主站;加强配电终端服务和端口管理、密码管理、运维管控、内嵌安全芯片等措施,提高终端的防护水平。

配电主站生产控制大区采集应用部分与配电终端的通信方式原则上以电力光纤通信为主,对于不具备电力光纤通信条件的末梢配电终端,采用无线专网通信方式;配电主站管理信息大区采集应用部分与配电终端的通信方式原则上以无线公网通信为主。无论采用哪种通信方式，都应采用基于数字证书的认证技术及基于国产商用密码算法的加密技术进行安全防护，配电自动化系统整体安全防护方案如图 7-8 所示。

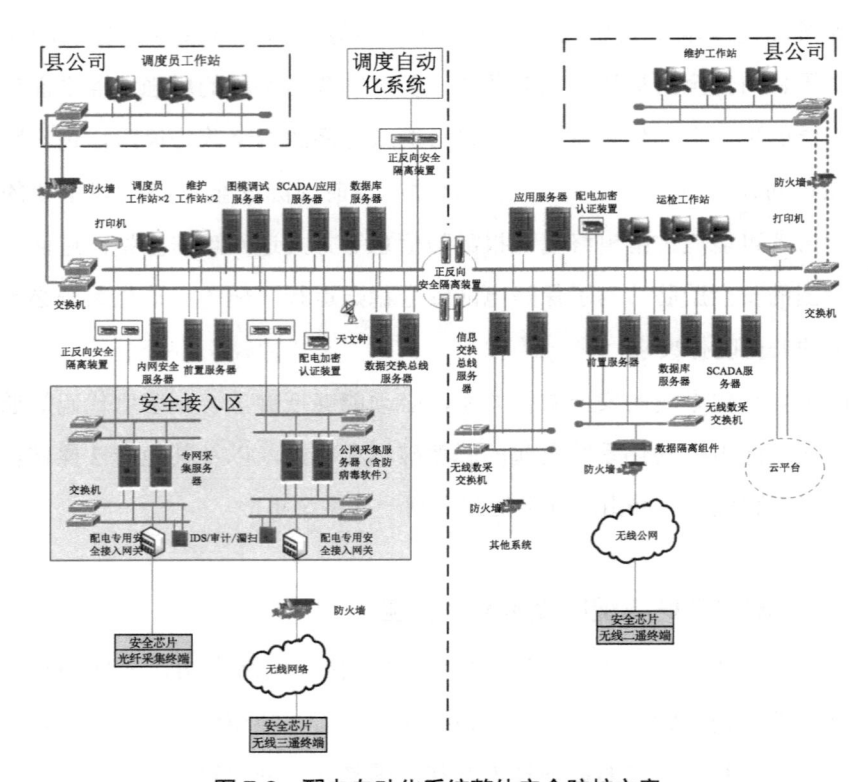

图 7-8　配电自动化系统整体安全防护方案

当采用 EPON、GPON 或光以太网络等技术时应使用独立纤芯或波长。当采用 230MHz 等电力无线专网时，应采用相应安全防护措施。当采用 GPRS/CDMA 等公共无线网络时，应当启用公网自身提供的安全措施，包括：

① 采用 APN+VPN 或 VPDN 技术实现无线虚拟专有通道；

② 通过认证服务器对接入终端进行身份认证和地址分配；

③ 在主站系统和公共网络采用有线专线 +GRE 等手段。

(三)系统边界安全防护

1. 系统典型结构及边界

配电自动化系统的典型结构如图 7-9 所示,按照配电自动化系统的结构,安全防护分为以下七个部分:

① 生产控制大区采集应用部分与调度自动化系统边界的安全防护(B1);

② 生产控制大区采集应用部分与管理信息大区采集应用部分边界的安全防护(B2);

③ 生产控制大区采集应用部分与安全接入区边界的安全防护(B3);

④ 安全接入区纵向通信的安全防护(B4);

⑤ 管理信息大区采集应用部分纵向通信的安全防护(B5);

⑥ 配电终端的安全防护(B6);

⑦ 管理信息大区采集应用部分与其他系统边界的安全防护(B7)。

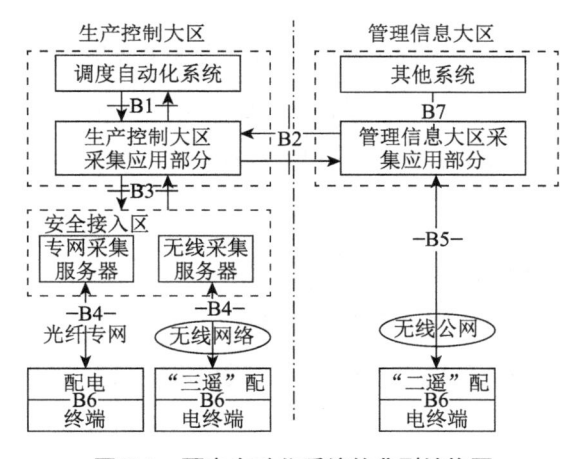

图 7-9 配电自动化系统的典型结构图

2. 生产控制大区采集应用部分的安全防护

(1) 生产控制大区采集应用部分内部的安全防护

无论采用何种通信方式,生产控制大区采集应用部分主机应采用经国家指定部门认证的安全加固的操作系统，采用用户名/强口令、动态口令、物理设备、生物识别、数字证书等两种或两种以上组合方式，实现用户身份认证及账号管理。

生产控制大区采集应用部分应配置配电加密认证装置，对下行控制命令、远程参数设置等报文采用国产商用非对称密码算法（SM2、SM3）进行签名操作，实现配电终端对配电主站的身份鉴别与报文完整性保护；对配电终端与主站之间的业务数据采用国产商用对称密码算法（SM1）进行加解密操作，保障业务数据的安全性。

（2）生产控制大区采集应用部分与调度自动化系统边界的安全防护 B1

生产控制大区采集应用部分与调度自动化系统边界应部署电力专用横向单向安全隔离装置（部署正、反向隔离装置）。

（3）生产控制大区采集应用部分与管理信息大区采集应用部分边界的安全防护 B2

生产控制大区采集应用部分与管理信息大区采集应用部分边界应部署电力专用横向单向安全隔离装置（部署正、反向隔离装置）。

（4）生产控制大区采集应用部分与安全接入区边界的安全防护 B3

生产控制大区采集应用部分与安全接入区边界应部署电力专用横向单向安全隔离装置（部署正、反向隔离装置）

3. 安全接入区纵向通信的安全防护 B4

安全接入区部署的采集服务器，必须采用经国家指定部门认证的安全加固操作系统，采用用户名/强口令、动态口令、物理设备、生物识别、数字证书等至少一种措施，实现用户身份认证及账号管理。

当采用专用通信网络时，相关的安全防护措施包括：① 使用独立纤芯（或波长），保证网络隔离通信安全；② 在安全接入区配置配电安全接入网关，采用国产商用非对称密码算法实现配电安全接入网关与配电终端的双向身份认证。

当采用无线专网时，相关安全防护措施包括：① 启用无线网络自身提供的链路接入安全措施；② 在安全接入区配置配电安全接入网关，采用国产商用非对称密码算法实现配电安全接入网关与配电终端的双向身份认证；③ 配置硬件防火墙，实现无线网络与安全接入区的隔离。

4. 管理信息大区采集应用部分纵向通信的安全防护 B5

配电终端主要通过公共无线网络接入管理信息大区采集应用部分，首先应启用公网自身提供的安全措施，采用硬件防火墙、数据隔离组件和配电加密认证装置的防护方案如图 7-10 所示。

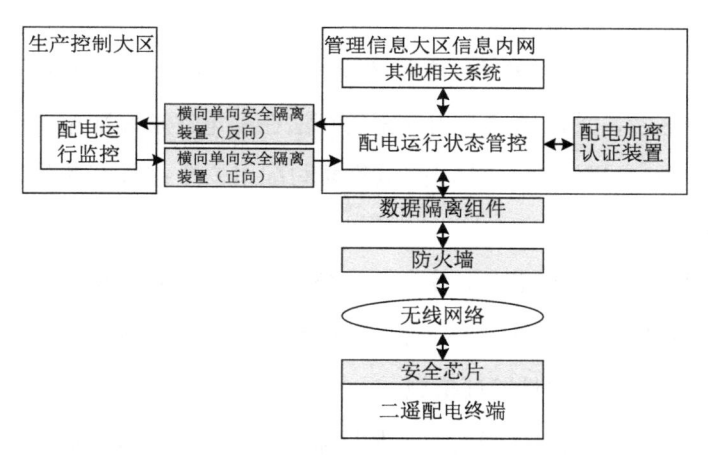

图 7-10　"硬件防火墙 + 数据隔离组件 + 配电加密认证装置"方案

硬件防火墙采取访问控制措施，对应用层数据流进行有效的监视和控制。数据隔离组件提供双向访问控制、网络安全隔离、内网资源保护、数据交换管理、数据内容过滤等功能，实现边界安全隔离，防止非法链接穿透内网直接进行访问。配电加密认证装置对远程参数设置、远程版本升级等信息采用国产商用非对称密码算法进行签名操作，实现配电终端对配电主站的身份鉴别与报文完整性保护；对配电终端与主站之间的业务数据采用国产商用对称密码算法进行加解密操作，保障业务数据的安全性。

5. 管理信息大区采集应用部分内系统间的安全防护 B7

管理信息大区采集应用部分与不同等级安全域之间的边界，应采用硬件防火墙等设备实现横向域间安全防护。

（四）配电自动化终端的安全防护

配电终端设备应具有防窃、防火、防破坏等物理安全防护措施。

1. 接入生产控制大区采集应用部分的配电终端

接入生产控制大区采集应用部分的配电终端通过内嵌一颗安全芯片，实现通信链路保护、双重身份认证、数据加密。

① 接入生产控制大区采集应用部分的配电终端，内嵌支持国产商用密码算法的安全芯片，采用国产商用非密码算法在配电终端和配电安全接入网关之间建立 VPN 专用通道，实现配电终端与配电安全接入网关的双向身份认证，保证链路通信安全。

② 利用内嵌的安全芯片，实现配电终端与配电主站之间基于国产非对称密码算法的双向身份鉴别，对来源于主站系统的控制命令、远程参数设置采取安全鉴别和数据完整性验证措施。

③ 配电终端与主站之间的业务数据采用基于国产对称密码算法的加密措施，确保数据的保密性和完整性。

④ 对存量配电终端进行升级改造，可通过在配电终端外串接内嵌安全芯片的配电加密盒，满足上述①和②的安全防护强度要求。

可以在配电终端设备上配置启动和停止远程命令执行的硬压板和软压板。硬压板是物理开关，打开后仅允许当地手动控制，闭合后可以接受远方控制；软压板是终端系统内的逻辑控制开关，在硬压板闭合状态下，主站通过"一对一"发报文启动和停止远程控制命令的处理和执行。

2. 接入管理信息大区采集应用部分的配电终端

接入管理信息大区采集应用部分的二遥配电终端通过内嵌一颗安全芯

片，实现双向的身份认证、数据加密。

① 利用内嵌的安全芯片，实现配电终端与配电主站之间基于国产非对称密码算法的双向身份鉴别，对来源于配电主站的远程参数设置和远程升级指令采取安全鉴别和数据完整性验证措施。

② 配电终端与主站之间的业务数据应采取基于国产对称密码算法的数据加密和数据完整性验证，确保传输数据的保密性和完整性。

③ 对存量配电终端进行升级改造，可通过在终端外串接内嵌安全芯片的配电加密盒，满足二遥配电终端的安全防护强度要求。

3. 现场运维终端

现场运维终端包括现场运维手持设备和现场配置终端等设备。现场运维终端仅可通过串口对配电终端进行现场维护，且应当采用严格的访问控制措施；终端应采用基于国产非对称密码算法的单向身份认证技术，实现对现场运维终端的身份鉴别，并通过对称密钥保证传输数据的完整性。

第八章　新型电力系统下的配网数字化建设实例

一、源网荷储一体化现代智慧配电网示范区

（一）基本情况

浙江公司海宁供电公司针对双碳目标及新型电力系统建设带来的新挑战，以"双碳实现"和"能效提升"为目标，立足嘉兴海宁尖山"源网荷储一体化、绿色低碳工业园"两个示范区基础（见图 8-1），继续深耕细作，建设安全可靠、全景感知、柔性互动、主动高效的源网荷储一体化协调控制系统。海宁区域是浙江新型电力系统高渗透工业园区的未来形态，2022 年海宁尖山园区全社会年用电量 21.1 亿度，其中新能源年发电量达到 6.33 亿度，本地清洁电量占全社会电量比例为 30%。针对浙江省内高负荷密度工业园区新型电力系统迅猛发展态势（未来浙江同类型工业园区将达到 130 余个），在浙江海宁区域持续开展新型电力系统的落地建设，聚合源网荷储四侧十五类资源，打造以系统功能为基础，形成配网自动化源网荷储一体化协调控制系统、量子加密＋差动保护自愈体系、光伏新能源零信任加密等系列创新技术成果，填补多项国内空白。内部改革优化了配电网生产管理体系、外部突破引导政府政策支撑，促使新型电力系统管理组织更加健全，数据获取更加

精准，源网荷储互动更加协调，配网运行更加稳定，达到"全景可观、弹性控制、主配协同"的目标，实现能源资源最大化利用，解决未来省内新型电力系统建设和管理的典型问题，打造县域新型电力系统可推广样板，引领支撑浙江高质量实现"碳达峰、碳中和"目标。

（a）海宁尖山俯瞰 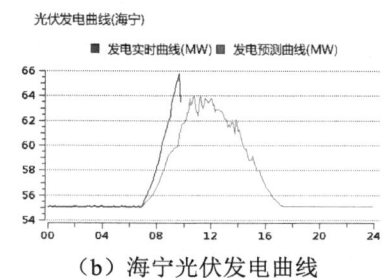　　　　（b）海宁光伏发电曲线

图 8-1　海宁尖山

（二）总体思路

海宁公司围绕"安全可靠、清洁低碳、经济高效"三重目标，适应"高密度用电负荷、高渗透新能源发电、高供电质量需求"三高特征，应对配电网"稳态扰动、暂态冲击"两项挑战，解决"潮流波动、电压偏移、谐波畸变"三大问题，开展源网荷储一体化建设，完成配电网"抗扰能力、综合能效"两大提升，逐步构建以新能源为主体的县域级新型电力系统。建立"一个核心，四个关键"技术路线，即完成源网荷储协调控制一个核心系统建设，实现源网荷储四侧灵活资源友好、高效互动，保障能源供应清洁转型，助力"双碳"目标高质量实现，助力地方经济社会高质量发展。

1. 一个核心：源网荷储协调控制系统

建成以电能为中心的一体化交互配置平台即源网荷储协调控制系统，构建多级互动控制架构，接入四侧灵活可调资源，实现日常运行潮流最优，电网故障快速恢复和供电缺口自我平衡。

2. 四个关键：源网荷储"54321"建设体系

（1）新能源"五环节"管理

减少新能源出力波动性、随机性对电网带来的影响，需要推动清洁能源有序开发，提升新能源对电网的友好程度。海宁公司从新能源项目接入规范、新能源电站出力平滑、新能源集群管控、精准出力预测以及电网谐波治理五个环节出发，提高新能源集群的发电出力可调性和确定性。

（2）电网设备技术"四升级"

新能源为主体的新型电力系统快速发展，使电网潮流多向化，源荷双重不确定性叠加，对电网抗扰动能力提出了更高的要求。海宁公司从网架结构坚强升级、配电设备智能升级、运维检修数字升级和技术体系标准升级四方面开展电网侧升级探索（见图8-2），打造坚强智能配电网，提升电网抗扰动能力。

图 8-2 配电网设备技术"四升级"

（3）电力需求侧"三潜力"挖掘（见图8-3）

海宁公司积极探索县域级新型电力系统客户侧建设，通过深入挖掘需求响应潜力，全面唤醒网荷互动潜力，充分发挥需求响应资源对保障电力供需平衡、促进新能源消纳、缓解电网投资等的作用；深入挖掘电能替代潜力，提高电能占终端能源消费比重，形成层次更高、范围更广的新型电力消费方式；深入挖掘能效提升潜力，聚焦于客户用能优化，构建以电为中心的清洁低碳、安全高效的能源消费新生态。同时，以营销服务新体系为支撑引擎，建立以供电所长为首席客户经理的营销网格化"组团服务"新模式，按照"一口对外""便捷高效"的基本原则，不断优化电力营商环境，为客户提供快速、便捷、高效的新能源报装服务，跑出服务经济社会能源高质量发展、服务"碳中和"目标高质量实现的"海宁加速度"。

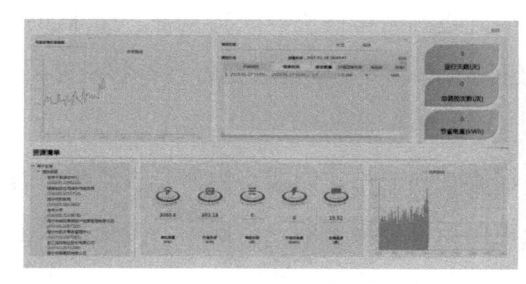

图 8-3　电力需求侧"三潜力"挖掘

（4）储能"两互济·一补充"格局（见图 8-4）

促进配电网新能源发展的关键在于消纳，传统配电网灵活性不足、调节能力不够等短板和问题突出，为保障大规模新能源就地消纳，储能成为配电网必不可少的环节。海宁公司储能建设坚持"集中式与分布式互济、电源侧与电网侧互济、多种储能形式作为补充"的布局原则，优先在分布式新能源大规模接入区域布局储能。通过建设集中式储能完成电网削峰填谷，提升调峰能力，通过建设分布式储能平滑新能源出力解决潮流波动。储能建设规模以达到新能源装机 10% 为目标，并与电力需求响应配合，实现区域电力电量平衡。

图 8-4　储能"两互济·一补充"

（三）下一步技术攻关方向

1. 推动源网荷储协调控制系统推广应用

源网荷储协调控制系统在尖山新区得到初步应用，并取得一定的成效，但将系统复制推广至海宁全市或更大范围，需要按台区（用户）级、线路级、变电站级、区域级的多层级协同框架升级源网荷储协调控制系统，加深加强智能融合终端、低压多微网蜂巢状组网形态、变电站经济运行模型等研究。

2. 推动新设备、新技术工程化推广应用

在海宁尖山率先示范应用的中压柔性换流站、能量路由器、直流配电网等设备技术较好地解决了新能源及电网新形态带来的一些问题，但受技术创新成本高、设备原件生产成本高、产业链尚不成熟等的影响，整体的建设成本仍然偏高，设备占地面积大。建议加大对电力电子等新型技术应用研发，加快实现装备小型化、轻量化，推动成本下降。

3. 推动新能源平滑出力技术研究与应用

在海宁试点虚拟同步机项目，技术成本较高，且偏向新能源发电向传统机组的调频调压方向，对平抑新能源发电功率波动和减少谐波作用有限。建议加强光储一体化平滑出力技术研究，推进用户侧改造。

4. 推动气象数据与光伏预测融合技术应用

新能源功率预测有相对比较成熟的技术手段。受制于南方多变天气的影响，光伏出力预测的精度一直不能大幅提升。建议投入更多设备，获取卫星数据，升级智能算法，进一步提高预测精度。

5. 研究分布式光伏接入对短路电流的影响

基于《分布式电源接入电网承载力评估导则》，嘉兴公司尝试开展的嘉兴电网分布式光伏承载力评估报告表明，未考虑暂态情况下，局部地区分布式光伏短路电流存在超过设备运行限额的可能。相关文献表明，光伏短路电流存在，导致瞬时故障时，重合闸动作失败，扩大停电范围。对于分布式光伏短路电流尚没有清晰的结论，需要进一步研究光伏对电网短路电流的影响。

6. 研究配电网谐波对继电保护配合的影响

随着大规模光伏电站，多馈入的直流系统接入，参考文献资料显示，会产生谐波交互影响（谐波自阻抗幅值差变大或相位差大是谐波放大的必要条件），使得传感器单元配件拒动、误动，影响继电保护设备。需要进一步研究配电网谐波对保护的影响。

7. 研究配电网谐波对设备绝缘劣化的影响

海宁尖山区域通过谐波监测数据分析发现，安金 C781 线和临海 C775 线多处节点存在谐波超标情况。结合历史故障数据，安金线和临海线在过去三年发生的 5 起故障中，有 3 起故障原因为设备故障，而海宁公司全域线路设备故障的比例仅为 7.29%。结合以上数据及文献资料的研究，我们认为，谐波对设备绝缘弱化存在较大影响，可能是设备故障率较高的主要原因，但目前不具备量化分析的技术和能力。

二、数字化驱动高弹性配电网示范区

（一）示范区基本情况

1. 区域基本概况

梅山示范区即宁波国际海洋生态科技城，位于浙江省大陆架最东端（见图 8-5），陆域面积 238 平方千米，覆盖梅山、春晓、白峰、郭巨四个街道，是浙江省自贸试验区宁波片区的重要组成部分，也是宁波舟山港的核心港区。产业以国际贸易物流、金融服务、智能装备、生命健康、科教文化以及生态旅游为主，拥有良好的生态环境和低碳优势。区域未来发展定位为集中实施国家战略的核心功能区，浙江区域经济"蓝色引擎"。

图 8-5 梅山示范区区位示意图

2. 示范区创建情况

梅山示范区的创建，主要分为三个阶段：

2018 年 12 月，梅山管委会与国家发展改革委气候战略中心、美国落基山研究所签订三方合作协议，共同聚焦于国家级近零碳排放区示范工程建设；

2020 年 9 月，浙江省能源局正式发文函复宁波市能源局、浙江电力交易中心，同意设立宁波泛梅山多元融合高弹性电网省级建设示范区，梅山成为先行先试试验田；

2020 年 12 月，浙江公司确定梅山作为全省唯一的台区智能融合终端示范区，开启配电网新型电力系统建设。

梅山示范区的建设，始终坚持以多元融合高弹性电网为基础，以市场机制为突破，以综合能源为特色，通过高弹性电网技术、政策、市场、组织、数字的创新实践，打造近零碳排放先行示范区。围绕"一个聚焦"，构建"两大体系"，打造"四维典型场景"，实施 23 项重点工程（简称"1242"），率先建成具有"清洁低碳、安全高效、协同共享、创新融合"四大特征的区域新型电力系统。（见图 8-6）

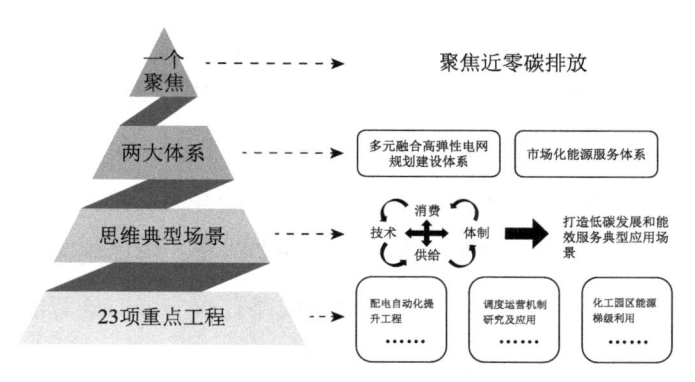

图 8-6 梅山新型电力系统示范框架图

（二）中压高弹性电网

1. 感知采集建设

（1）电缆线路

中压开关站（配电室、环网单元）共计 205 座，示范区建设过程中完成了全量站点的自动化改造，建设模式采用"DTU+ 光纤通信"的技术路径接入新一代配电自动化Ⅰ区主站，实现所有节点的电压电流、开关位置、接地闸刀位置以及过流等信息的采集和开关的控制。开关站出线选用熔丝柜或"断路器 + 保护"，与变电所出线开关极差配合切除用户、分支线路的故障。

图 8-7 为自动化站点建设实例示意图。

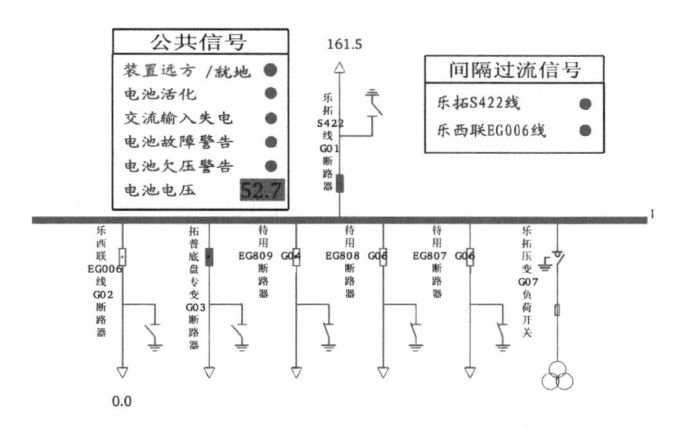

图 8-7 自动化站点建设实例［乐拓开关站 EGK023 站内图（自）］

（2）架空线路

梅山区域架空线路 7 条，以城乡接合部、老工业园区的供电为主。示范区建设过程中率先试点 5G 硬切片技术，在主线分段、联络以及成环的大分支中安装了 35 台基于 5G 硬切片通信的柱上智能开关，接入新一代配电自动化Ⅰ区主站，实现重要节点的电压电流、开关位置、接地闸刀位置以及过流等信息的采集和开关的控制；同时在分支线路首端安装二遥智能开关，配置定时限过流保护，与变电所出线开关极差配合切除用户、分支线路的故障。

图 8-8 为架空线路建设实例示意图。

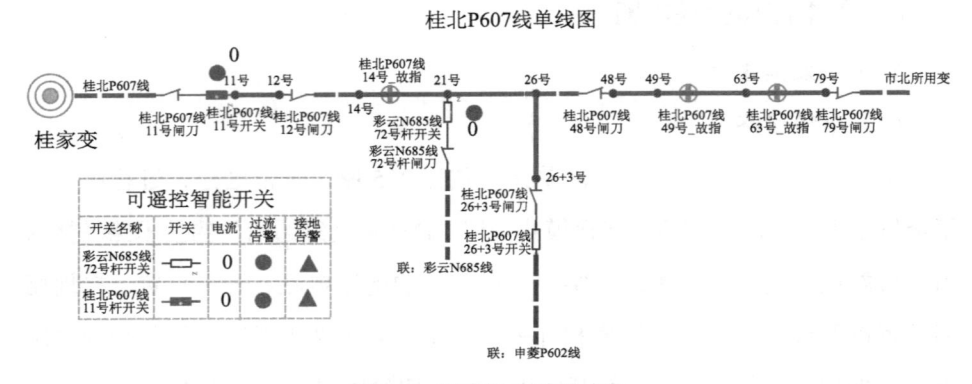

图 8-8 架空线路建设实例

2. 配网故障自愈

在梅山示范区，不论是电缆线路、架空线路，还是混合线路，统一采用"集中式 FA+ 分支线路保护跳闸"的逻辑完成故障处置。即未成环的分支线路故障时，分支首端保护动作切除故障；主线故障时，首先由变电所出线开关跳闸切除故障，而后配电自动化Ⅰ区主站根据 DTU、三遥智能开关上送的过流信息结合线路拓扑完成故障区域的自动研判、隔离以及非故障区域的恢复送电。

图 8-9 为 FA 动作实例。

3. 电网弹性提升

以数字驱动为核心理念，梅山示范区在配电自动化Ⅰ区主站中开发出

"双工字型"接线、负荷错峰优化、主变负载均衡等多个电网高弹性应用模块，有效提升了中压电网的承载能力，提高了已有线路和管廊的利用效率。

图 8-9　FA 动作实例

（1）"双工字型"标准接线

为了保证线路 N-1，传统的电缆双环网运行时每条线路的负载率不超过限额的 50%（联络的两条线路平均后），存在线路利用率不高、资源未得到充分利用的问题。"双工字型"接线是在传统双环网的基础上，通过数据分析选定合理位置增设两个母联，运行时采用"多路径转供策略"，就可以将线路满足 N-1 校验的承载能力由 50% 提升到 75%。示范区内现已建成龙湖、明月、紫阳、观海等 7 组双工字型接线，节省配网投资约 2000 万元。

（2）负荷错峰优化互补

考虑居民、工业、商业等不同负荷类型高峰低谷时刻不同，以开关站（配电室、环网单元）为最小研究对象，基于配电自动化系统的负荷特性分析模块，给出选定区域内环网站之间的最优互联最优方案，实现负荷错峰优化，指导配网网架优化建设，提高线路 24 小时的平均利用率。示范区现已建成新茂、碧云、祥瑞、东盘等 6 组负荷错峰优化线路，节省投资约 1000 万元。

(3) 主变负载均衡优化

以开关站（配电室、环网单元）为最小研究对象，基于配电自动化采集的实时数据自动调整配网运行方式，完成区域内主变及线路的负载均衡，实现最优运行。2023 年迎峰度夏期间，示范区应用负载均衡功能实时调整配电网的运行方式，有效消除小山、凤洋、烟墩等变电所的时段性重载满载问题。

（三）低压物联网台区

1. 感知采集建设

（1）台区智能融合终端

梅山示范区共有安装台区智能融合终端 485 台，完成区域内公变的 100% 覆盖。根据用户抄表方式的不同，建设模式分为两种：对于原采用 Ⅰ 型集中器抄表的台区，按照"台区总表＋配变终端＋Ⅰ集中器"三合一的模式进行（见图 8-10）；对于原来采用 Ⅱ 型集中器抄表的台区，按照"台区总表＋配电终端"二合一的模式进行（见图 8-11），最终实现一台区一终端。

图 8-10 三合一融合终端安装实景图（双狮村 1 号公变）

图 8-11 二合一融合终端安装实景图（龙湖 4 号配电室）

第八章 新型电力系统下的配网数字化建设实例

（2）低压延伸采集

梅山示范区共有安装低压末端采集单元 LTU 3723 台，低压光伏智能并网断路器 21 台，同时接入 7kW、15kW 以及 60kW 等多种规格的有序、V2G 充电桩 35 台，完成台区至用户的全链路透明感知。向下延伸建设中配电室内部的设备采用 485 线通信，配电室外的设备采用 HPLC、RFMesh 两种通信方式（见图 8-12、图 8-13 和图 8-14）。

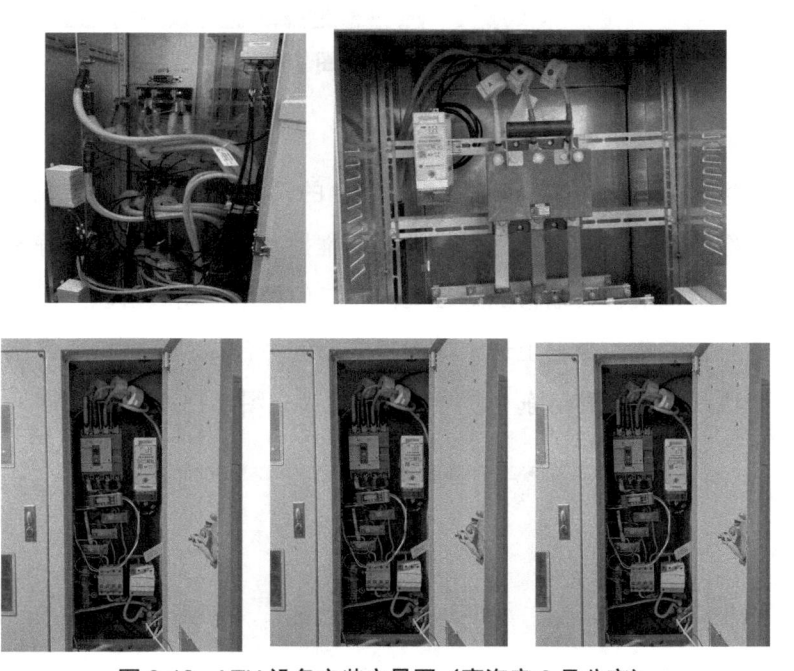

图 8-12　LTU 设备安装实景图（寰海府 6 号公变）

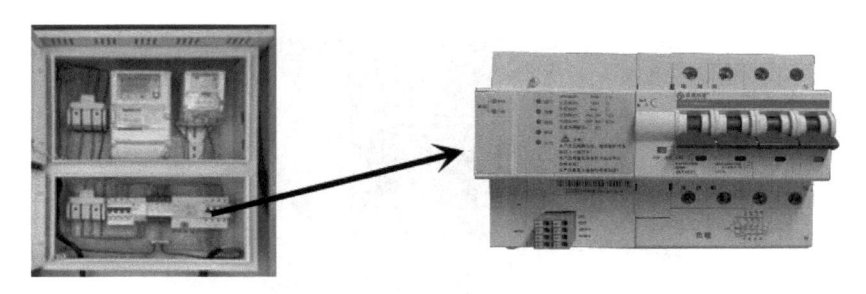

图 8-13　光伏并网断路器安装实景图（舜海府 14 号公变）

图 8-14　有序 /V2G 充电桩实景图（双狮村、合宅村）

2. "电网一张图"建设

示范区建设过程中应用资源业务中台的同源维护套件，完成了 485 个低压台区图数治理，实现营配数据的源端维护、集中管理，建立静态"一张图"；同时依托融合终端营配融合及向下延伸技术，完成台区至用户全链路运行状态一体采集，数据上送至电网资源业务中台实时量测中心，实现动态数据一个源，基本建成动静"电网一张图"（见图 8-15）。

图 8-15　梅山低压台区动静"电网一张图"

3. 台区柔性互联系统

为解决双狮村 1 号、2 号、5 号三个台区用户负荷时段性差异和分布不均的问题，示范区建设中提出并落地了全国首台 0.4kV 柔性直流互联系统（见图 8-16）。系统把 3 个台区作为一个台区组进行管理，台区之间通过双向 250kVA 的 AC/DC 模块汇聚于 750V 直流母线，共享彼此剩余容量，实现台区正常运行时的电压稳定、负载均衡调节和故障下的转供电，提升台区低压的供电可靠性，提高新能源的消纳能力。目前的主要应用场景有冗余互济、削峰填谷、停电互助和容灾备份 4 种。

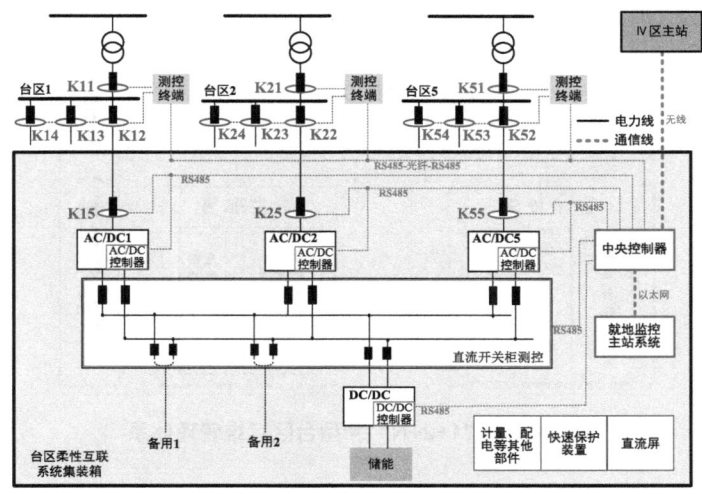

图 8-16 双狮村 0.4kV 柔性直流互联系统

4. 赋能班组数字化转型

以融合终端为核心的物联网台区完成低压全链路的透明感知，同时融合终端作为台区大脑，实现了营配就地交互、智能开关监测、无功补偿监测、配电站房监测、台区电能质量监测、低压可靠性分析 6 项监测类应用，以及低压拓扑动态识别、台区线损精益管理及反窃电精准定位、可开放容量分析、故障精准研判与主动抢修、三相不平衡治理、分布式电源灵活消纳及智能运行控制、电动汽车有序充电等 7 项治理类应用。而后与"电网一张图"、配电自动化主站共同形成了"云管边端"的低压台区完整的信息流。

在此基础上，梅山示范区通过深化建设供指中心和台区经理两支队伍，打造 N 个应用场景，试点构建了"1+2+N"新型台区运维管理体系（见图 8-17），助力班组数字化转型。该体系的核心是业务由班组长驱动转变为数据驱动，由周期性的计划工作转变为针对性的任务工单，最终形成"强前端、大后台"的低压作业管理模式，完成区县公司、供电所两级的管理和业务升级。

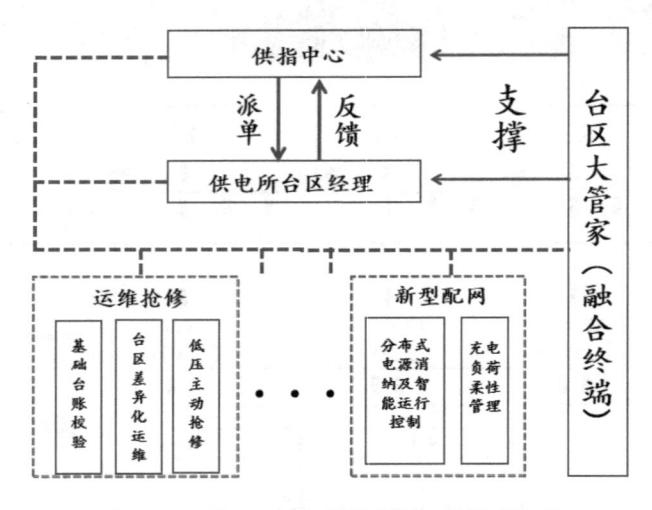

图 8-17 "1+2+N"新型台区运维管理体系

三、亚运保供电示范区

（一）示范区基本情况

根据亚运会保电用户清单，杭州公司梳理亚运会期间保电线路 356 条、保电开关站 593 座。配电专业组下辖 1 个供电服务指挥中心，负责 12 个综合战区、1 个专业战区、4 个应急团队的配电专业管理。

杭州公司始终坚持网省公司战略目标引领，锚定"五个最、四个零"目标，围绕配网数字化转型，以先进数字技术、物联技术、大数据、人工智能为手段，全面推进新型电力系统背景下配电数字化建设应用，建成一个体系（亚运配电自动化保障体系），强化三项能力（信息化安防能力、智能化应用能力、透明化感知能力），构建配电侧新型电力系统，深化五大应用（网络安全防护、故障快速处置、主站终端协同、同步标准建设、配网精益运营），进一步提升配电网供电可靠性和民生供电保障能力，为亚运可靠用电提供坚强的技术保障。

（二）网络安全防护体系（见图 8-19）

主站系统安全防护"再提升"。以国网网络安全防护标准，推进网安平台全类型主站设备接入和可信管理中心部署，完成 8 种类型 26 项网络安全问题的整改闭环，实现本年度配电自动化系统网络安全等级保护测评分数全省第一（87.49 分）。

主站设备拓扑结构"再巩固"。开展配电自动化系统健康状态评价，全面评估主站数据采集、处理、存储等方面的运行状况，完成五大项 13 类主站软硬件针对性补强，确保核心节点设备有冗余（scada、前置应用服务器等），关键数据功能有备供（数据库双机热备运行、保电数据转发接口主备运行）。

主站运维人员力量"再强化"。同质化管理 4 名亚运支援人员与 8 家设备驻点工程师，细化Ⅰ、Ⅳ区主站系统人员值守要求，严格落实 24 小时不

图 8-18 亚运赛时指挥体系

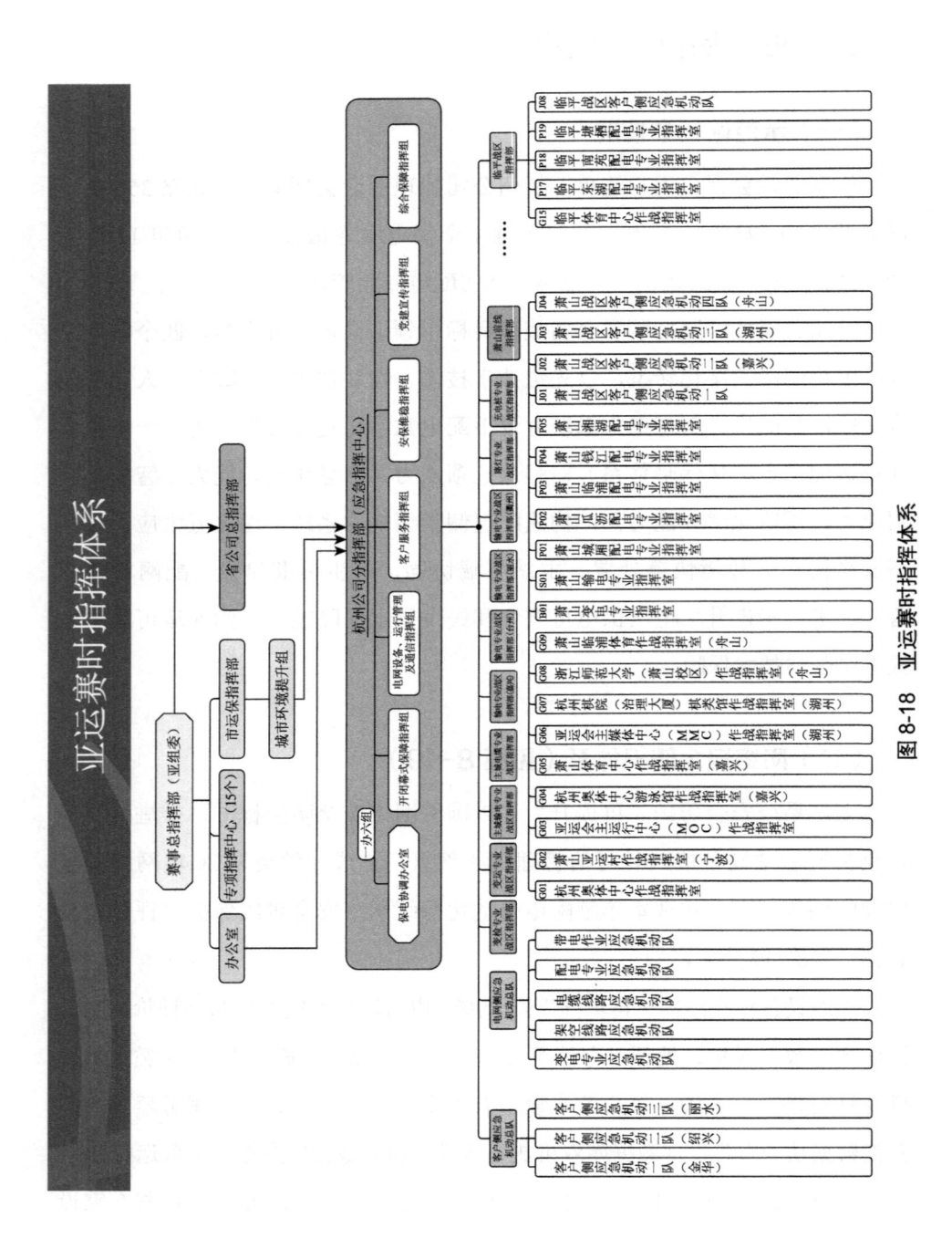

间断值班监视制度，亚运期间每日完成 3 轮巡视，发现并消除 4 处隐患，确保主站系统平稳运行。

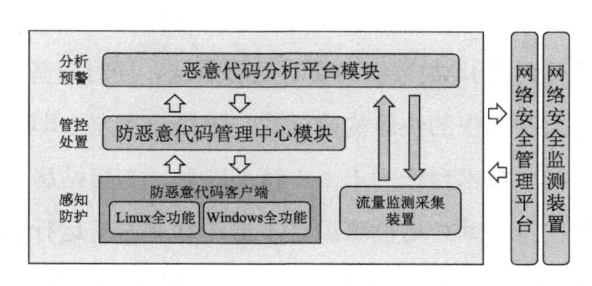

图 8-19　网络安全监测与管理界面

（三）配网一二次数智管控体系

1. 打造配网一次数智设备主人——米特

通过积极引入新技术、重构新模式的方式为解决传统业务问题找到了新的突破口，打造了一个配网站房内集参谋员、监督员、指挥员于一体的配网侧数智 AI 助手——米特（Meta）。米特提炼于元宇宙 metaverse，是平行于实体电网的智慧数字电网形态，拥有集智能 AI、物联感知、图像识别、数字孪生等技术为一体的精准决策体系。通过将新一代配电自动化系统的云端"大脑"与边端"分脑"深度融合，实现配网站房运行情况的全息感知、人员设备的状态评价、作业模式的数字替代。

(1) 全息感知、精准反映

米特传承浙江公司云管边端架构优势、依托电网资源业务中台，通过标准统一的数据安全接入方案，实现设备状态、运行状态、环境状态、安防状态、视频状态共五大类 14 类数据的实时动态呈现。同时，基于站房统一标准建模基础，创建数字孪生的快速构建模式，仅需一周左右即可完成对实体三维空间、设备结构、技术台账的 1∶1 精准映射，支撑站房全要素在数字空间呈现、仿真和决策，助力运检班组足不出户掌握站房运行情况，构建"一站式"数字管理新模式。图 8-20 展示了米特在站房的应用。

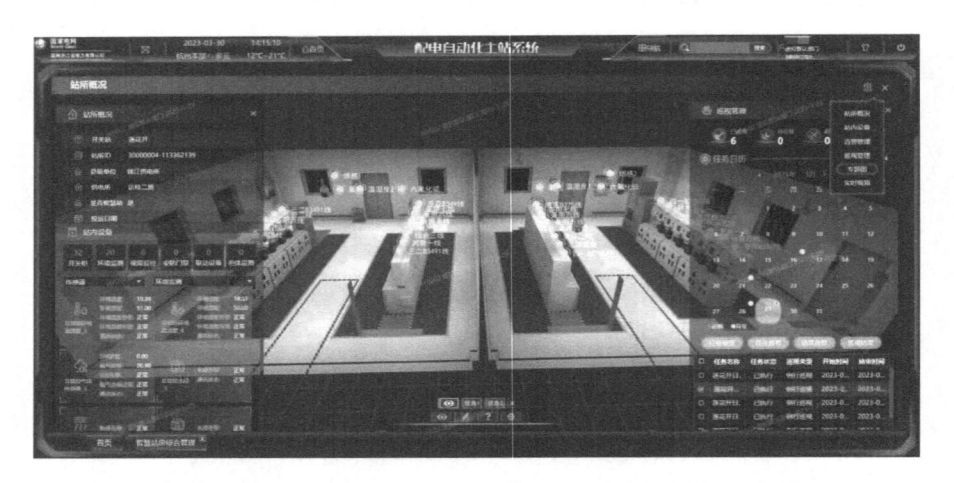

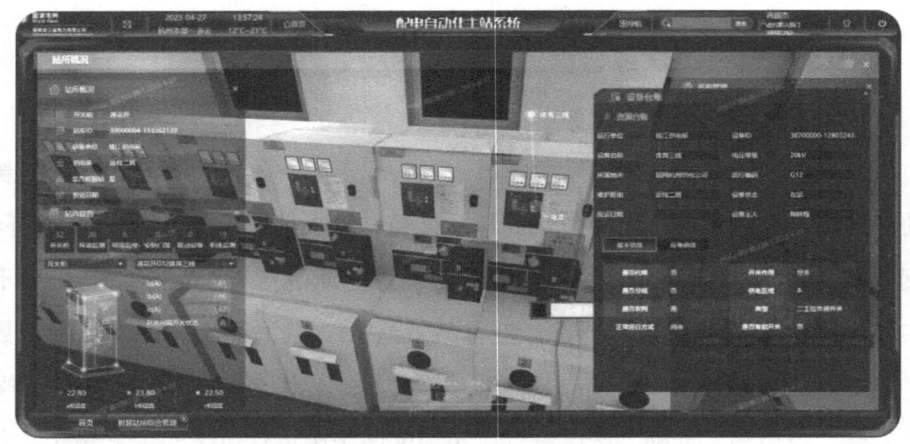

图 8-20 米特在站房的应用

第八章 新型电力系统下的配网数字化建设实例

(2) 状态评价、动态监管

依托智能边端计算单元与算法，配网数智设备主人米特能够做到对违规动作与穿着等七类人员行为监护，异物入侵与烟火等三类环境安全监视和带电指示器故障等电气设备运行监视，一旦发生异常情况，米特立即完成生成告警、上送系统等一系列流程，并短信通知到管理人员（见图 8-21）。

图 8-21 米特巡视

(3) 数字替代、智能巡视

基于米特"大脑+分脑"的智能决策体系，可以为每个站点量身制订巡视任务与计划，时间一到，米特就可控制各类感知设备、摄像头在 5min 内完成任务执行，并自动生成巡视报告（见图 8-22）。将每季度一次的巡视任务减少至系统告警时才巡视，减轻班组日常巡检压力，打造远程智能巡视新模式。同时，通过打通气象中心数据，米特可以实时获取强降雨等天气灾害信息并开展针对性巡视，大大提升数字手段对电网防灾减灾的支撑能力。

2. 首创配网二次数智管控"WEB 端 +APP 端"应用

深刻剖析配电自动化传统管控壁垒，自主研发建设、运检、应用三大业务应用群 34 个子模块并在全市成熟应用，推进专业模式向"四化"转型升级。

图 8-22　米特巡视报告

(1) 运行维护"在线化"（见图 8-23）。

亚运攻坚期间，共完成 218 次终端"无人化"调试，投产效率提升 38%。主动开展现场终端巡视 4770 个，设备台账与照片同步传送至内网系统，缩减班组内业人员资料录入时间 3000 余小时，减少纸质巡视单据近 5000 张。

图 8-23　管控平台数据界面

第八章 新型电力系统下的配网数字化建设实例

(2) 检修消缺"移动化"(见图 8-24)。

利用缺陷工单管控模块自动研判缺陷 1687 条,节约人工筛选时间 400 余小时,将人均缺陷研判时间由 2 小时/天压缩至秒级。

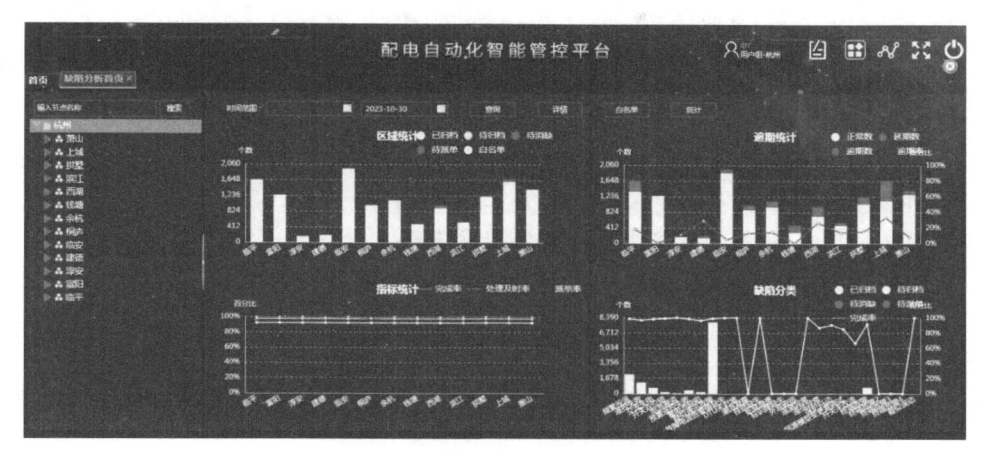

图 8-24 管控平台自动研判缺陷

(3) 故障研判"透明化"(见图 8-25)。

辅助抢修人员快速掌握故障信息,平均节省抢修时间 13min,为公司供电可靠性全国争先创优贡献数字化力量。

(a)

209

（b）

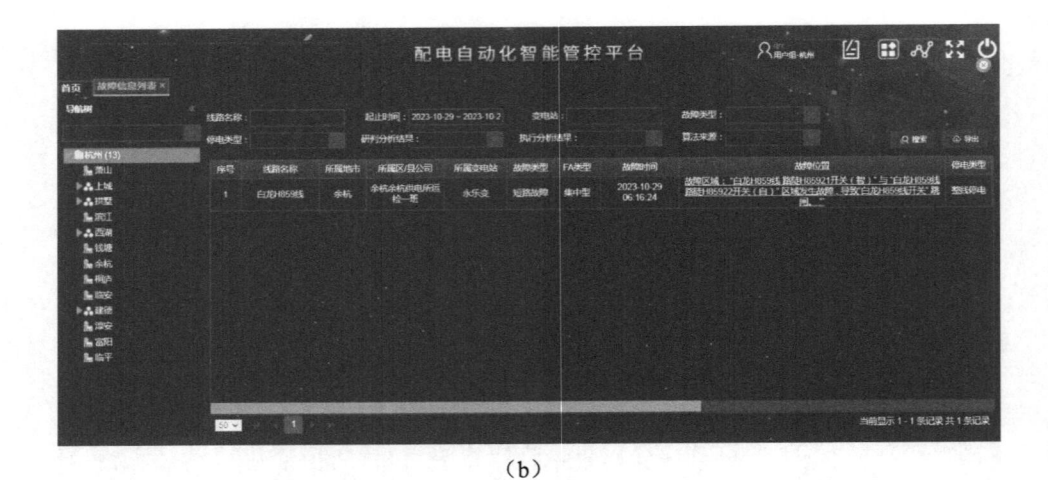

图 8-25　管控平台自动研判故障

第九章　发展与展望

一、大数据应用——数据分析预防电缆潜伏性故障

配网绝缘缺陷隐患捕手是一套基于配电自动化大数据的配网设备绝缘劣化预警和处理应用。金华婺城自动化班针对庞大的配电设备数量和有限巡检力量之间的矛盾，以及配电设备绝缘劣化隐蔽性强且诊断缺乏实时手段等问题。充分利用现有配电自动化终端（DTU）的感知能力，开展瞬时告警、录波波形、天气等数据与绝缘劣化规律分析，开发了基于配电自动化系统 OPEN5200 的缺陷感知和定位模块，实现一次设备绝缘状态实时跟踪评价和绝缘缺陷位置主动研判。成果在金华进行试点，在系统指引下进行针对性检测发现局放超标事件 51 起，经检修确认绝缘缺陷 10 起，通过主动抢修避免了绝缘缺陷发展成设备故障。相较于传统周期性局放检测模式，"缺陷捕手"能做到 24 小时不间断监测设备状态，通过主动检修大大减少了设备烧毁数量及停电时间，实现数字化赋能配网主动抢修能力提升。

（一）配网运检主要痛点

1. 配网设备缺乏实时性手段监测缺陷隐患

近年来，配网建设逐渐驶入快车道，据统计，仅金华公司婺城分公司这一区县级供电企业，各类配网站所的数量就已突破 600 座。带电检测作为配电网设备缺陷隐患监测的有效手段，现行的检测周期规定为，特别重要设备 6 个月，重要设备 1 年，一般设备 2 年，实时性偏弱，在带电检测周期之外，存在设备状态检测的盲区，导致部分间歇性发生的缺陷无法被及时检出。

2. 自动化数据有效利用率不高

经过测算，2020 年 3 月至 2021 年 3 月自动化 I 区系统产生的过流告警信息 1 万余条，接地告警信息 24 万余条，此外还有月均 52GB 的纯文字报文数据，这其中用于馈线自动化故障研判的仅 100 余条，总体有效利用率不足 1%。

（二）整体过程

1. 尽可能多获取数据的思路

金华婺城公司在 2017 年开展配电自动化全覆盖建设，经过详细的调研，自动化班决定在 DTU 侧进行尽可能多获取信号的保护配置方式，配置了瞬时接地告警和瞬时过流告警，一并投入这两个信号的故障录播，并在一次改造的同时加装了零序 CT。

2. 思路引出

在设备侧设置了毫秒级的配置用于获取尽可能多的信号基础上，自动化班人员定期收集各次故障发生时刻的自动化系统告警信息进行核对反演，用于确认信号的准确性。作业人员发现，在 2018—2020 年发生的一共四次实际故障前，自动化系统均上送了指向故障点的告警信息（见表 9-1）。发生时间为前 3 日至前 6 月不等。从现场调查结果发现，这四次故障均是一次设备内部绝缘因闪络放电被破坏导致烧毁的设备类故障；从故障前告警波形来看，均满足相对地瞬时拉弧的典型尖波；从信号发生的时间特性看，符合频率逐渐上升，与天气有关等特点。故提出本算法模型。

表 9-1 故障站点历史数据

故障站点	告警发生天气规律	告警信息首次出现时间	告警总次数
八一南街东环网站	阴雨天为主	故障发生前 85 天	998
双龙南街东环网站	阴雨天为主	故障发生前 3 天	57
八石畈 037 开闭所	阴雨天为主	故障发生前 115 天	14
江东四小区 I 号 058 开闭所	无明显特征	故障发生前 62 天	664

故障的设备解体照片，均有长期放电痕迹，见图 9-1。

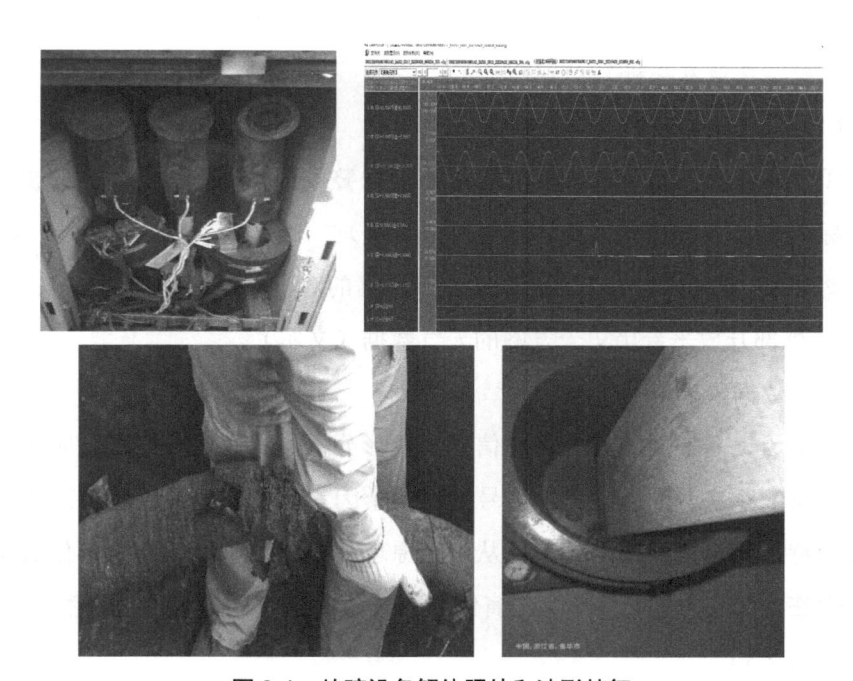

图 9-1 故障设备解体照片和波形特征

3. 原理分析

配网的接地系统一般为小电流接地系统（经消弧线圈接地），接地判断难度大，在发生对地故障的情况下，接地瞬间零序电流的大小受故障发生时刻相角影响呈正弦波变化，但随着故障数量的堆积，电流值在正弦波顶点附近越过限额的情况会被无差别捕捉到。也就是说，单次瞬时故障不一定会被自动化设备判定为告警，但随着数量的累积，最终还是会在自动化系统中有所反映。

在缺陷出现的早期，设备内部发生的放电、闪络等瞬时故障，往往不会立刻引起线保护动作和设备故障，但会在自动化系统中体现为瞬时（毫秒级）的接地或过流告警数据。应开展这些大数据的监测，采用软件对其进行筛选、归集和分析，结合波形识别和权重计算缺陷风险值，对配网设备缺陷进行甄别，精准编排带电检测计划，采取有效的防范措施，减少存在演变过程的设备类故障发生。

4. 数据来源及分析

（1）数据来源及数据类型

① 配电自动化Ⅰ区系统中的 soe 历史告警数据（时间、文本）和波形数据（标准 comtrade 格式，内含测点及浮点值）；

② PMS 系统中的线路、开闭所、开关名的对应关系数据（文本）；

③ 外部开放平台历史天气网的天气数据（文本）。

（2）数据分析

基于历史真实故障前数月的信号及波形分析，我们发现信号对应的波形特征、发生频次、频次趋势、信号天气四个因素均发现明显的特征规律。其中波形特征符合典型波形的情况从电气原理角度证明了设备绝缘老化演变过程的存在（见图 9-2），以及在演化成真实故障前有较为明显的告警增长趋势（见图 9-3）。

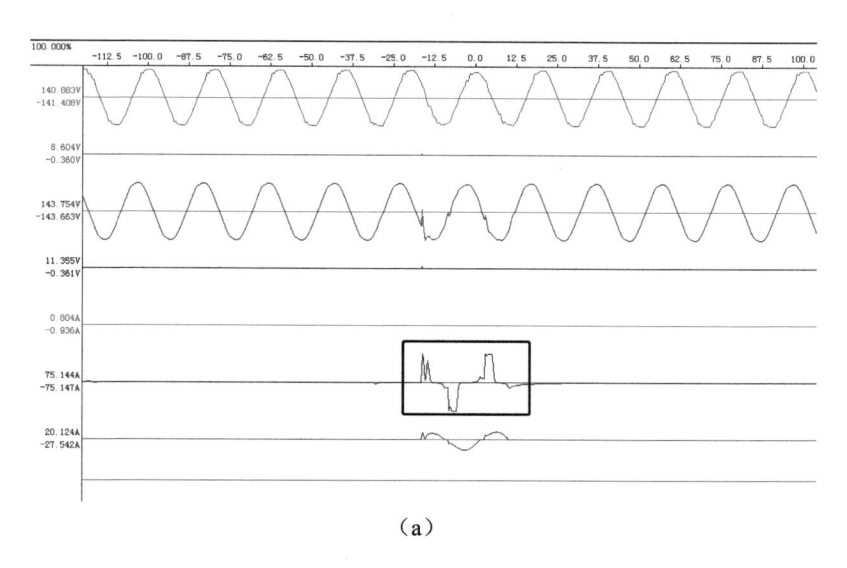

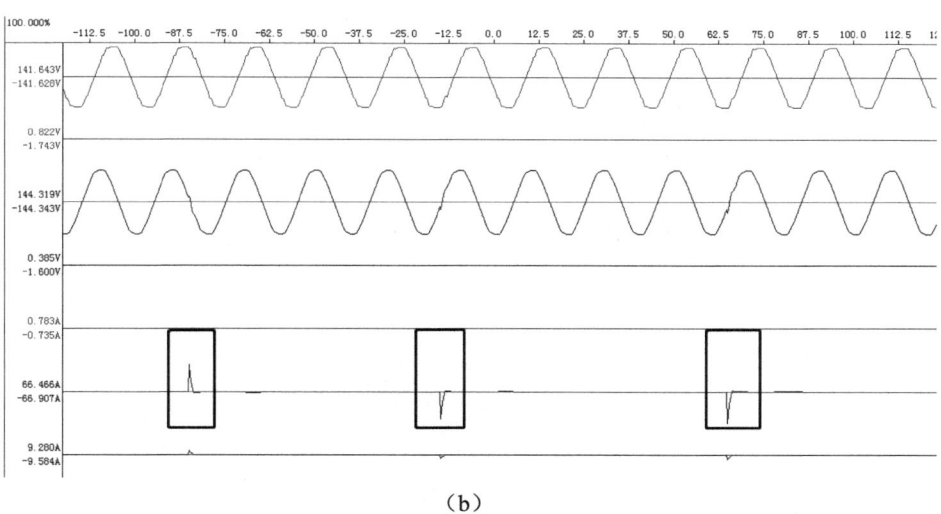

图 9-2 和畅 36011 间隔录波波形

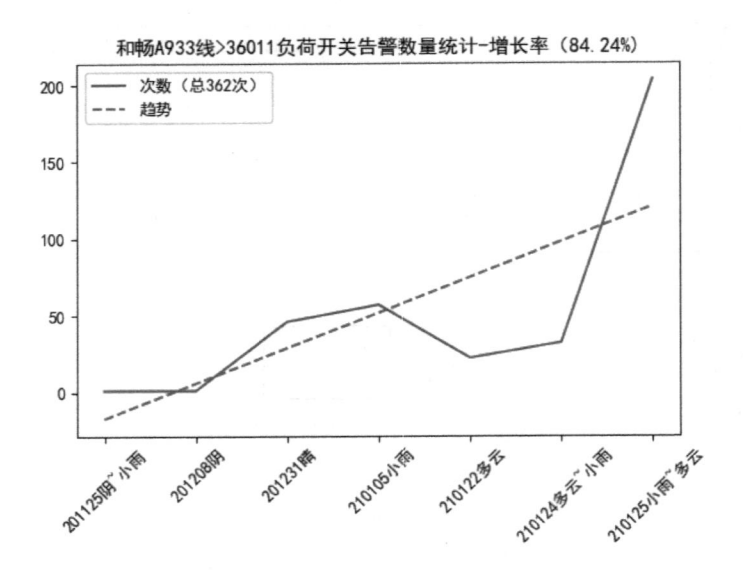

图 9-3　和畅 36011 间隔告警次数及增长率示意图

5. 软硬件与算法优化过程

2020 年，婺城自动化班自主研发设计开发了一套离线版本的告警数据分析系统，基于 OPEN5200 导出数据（见图 9-4）。

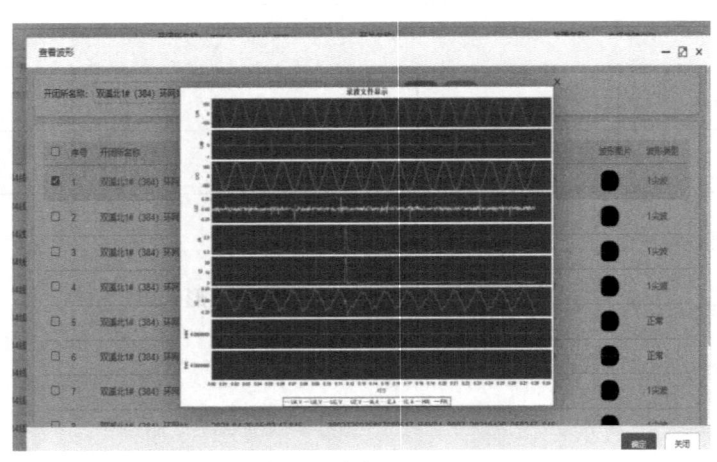

（a）

(b)

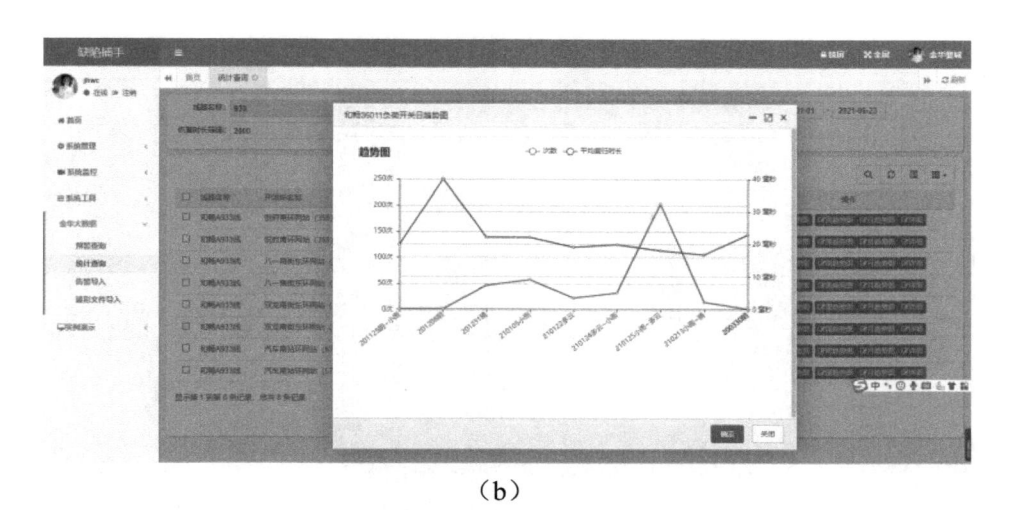

图 9-4　单机版告警分析系统

2022年,婺城自动化班联合南瑞开发完成了具备OPEN5200前置主动召测可疑信号对应波形并计算分析线路绝风险值的5200WEB页面,实现配网绝缘隐患闭环管控(见图9-5)。

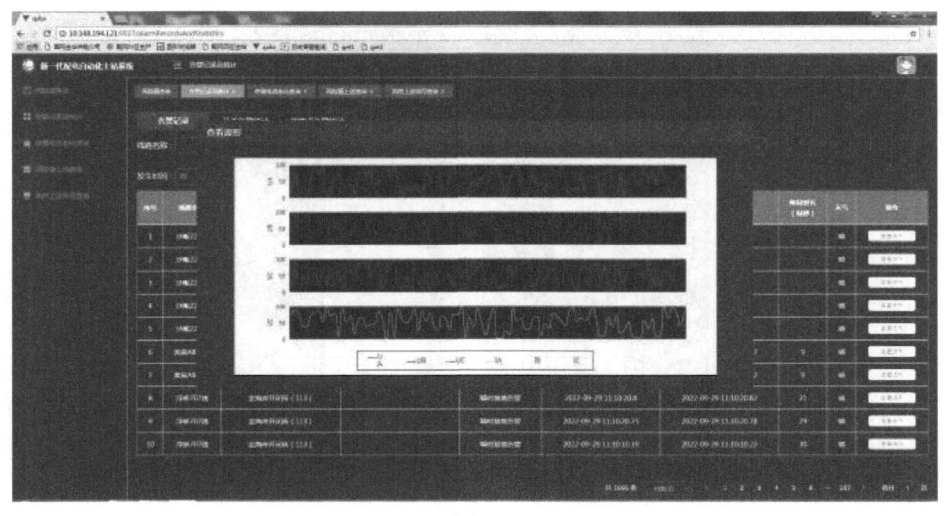

(a)

(b)

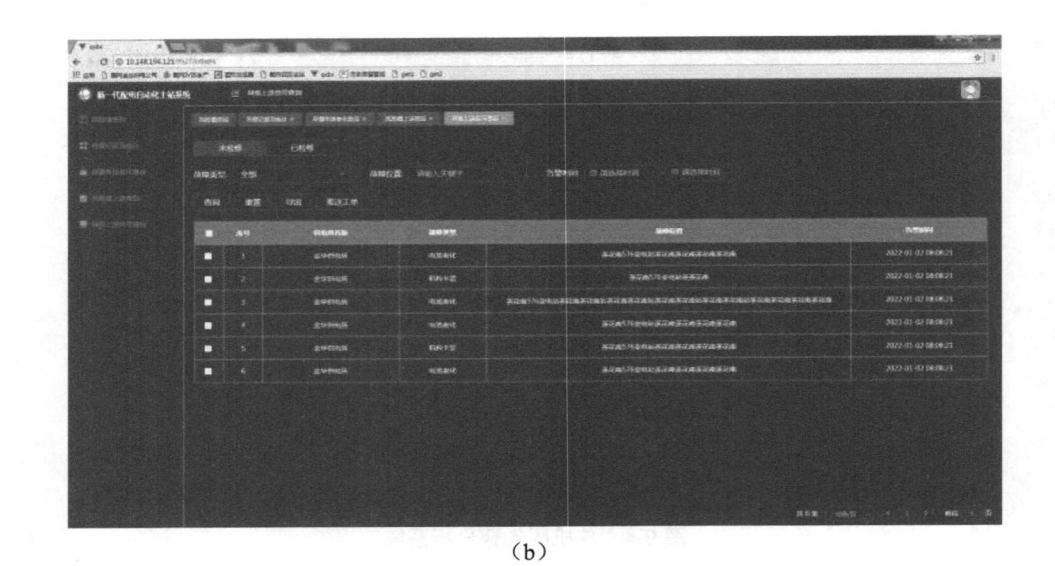

图 9-5 OPEN5200WEB 版告警分析系统

2022 年 7 月，婺城自动化班在绝缘隐患发现的算法注入了 DTU 核心单元，研制了具备边缘计算隐患发现能力的 DTU，并进行现场试用（见图 9-6）。

图 9-6 具备边缘计算隐患发现能力的 DTU 调试

2022 年 8 月，婺城自动化班在未来城环网站绝缘劣化引起站所烧毁故障的消缺中，意外听到扫地阿姨说起前几天就听到箱子里有噼里啪啦的声音，于是我们又将声音突变因素加入边缘计算 DTU 的绝缘劣化风险值算法中（见图 9-7）。

图 9-7　真实故障中的声音信息发现并加入算法中

6. 实际应用

2022 年起，金华婺城公司利用系统分析配合现场局放检测进行核验，检修发现多处绝缘隐患电缆头（见图 9-8）。

图 9-8　通过系统提前检修的绝缘缺陷电缆头

二、配网线路行波故障定位技术发展前景

随着电力系统的不断扩大和复杂化，配网线路的故障定位和管理变得尤为重要。配网线路行波故障定位技术作为一种先进的技术手段，在提高电

力系统的可靠性、安全性和稳定性方面具有巨大的潜力,发展前景良好。图 9-9 为行波测距装置。

图 9-9 行波故障定位装置

行波的形成。线路故障瞬间,由于网络阻抗的突然变化,导致电压和电流瞬态突变,从而激发起沿线路传播的电压和电流波动叫作行波。

行波测距原理。在线路上分布式布置各行波检测单元实时触发捕捉故障行波信号,并记录行波到达时刻,通过标定行波波头达到两端行波检测单元的时刻计算出时差。再结合两端行波检测单元之间的距离参数,利用行波在线路传播的速度即可计算出故障点离行波检测单元的距离,对比线路档距信息等基础资料,最终实现故障点精确定杆。图 9-10 为行波故障定位原理。

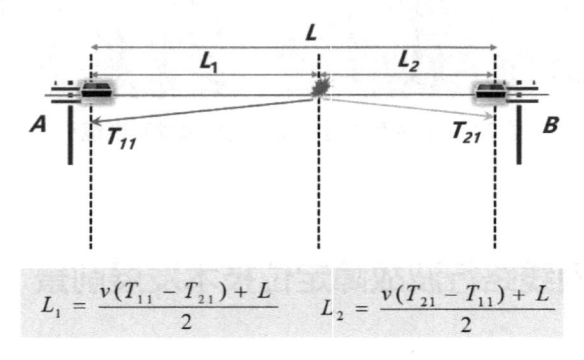

$$L_1 = \frac{v(T_{11} - T_{21}) + L}{2} \qquad L_2 = \frac{v(T_{21} - T_{11}) + L}{2}$$

图 9-10 行波故障定位原理

（一）行波故障定位技术的优势和发展前景

1. 人工智能算法的应用

人工智能算法在配网线路行波故障定位技术中的应用将成为未来发展的重要趋势。利用深度学习、模式识别等算法，系统可以实现对电网运行状态的自适应学习和故障模式的精准识别。人工智能算法的应用将大大提高故障定位的准确性和效率，降低误报和漏报的可能性。同时，人工智能算法还可以结合大数据技术，对海量的电网运行数据进行挖掘和分析，为电网的优化管理和决策提供有力支持。

2. 网络化与智能化发展

随着物联网、云计算等技术的发展，配网线路行波故障定位技术将逐步实现网络化和智能化。通过与互联网的结合，可以对大规模的电力系统进行远程监控和故障分析。云计算平台可以提供强大的计算能力和存储空间，实现电网数据的集中管理和分析。通过网络化和智能化的实现，电力公司可以实现对电网的实时监控和预警，提高电力供应的可靠性和稳定性。

3. 自适应优化能力

未来的配网线路行波故障定位技术将具备自动学习和优化能力。系统可以根据电网运行状态和故障特征的变化，自动调整预警阈值和定位算法。这种自适应优化能力将使系统更加智能和高效，能够适应不同场景下的电网故障定位需求。通过不断地学习和优化，系统可以逐渐提升自身的性能和准确性，为电力公司提供更优质的电网监测服务。

4. 广泛的应用前景

配网线路行波故障定位技术具有广泛的应用前景。随着城市化进程的加速和工业的快速发展，城市电网、工业园区电网的需求将不断增加。同时，随着智能家居、电动汽车等新兴产业的发展，家庭电网和微电网的需求也将逐渐增长。在这些领域中，配网线路行波故障定位技术都将发挥重要作用，为电力公司提供全面的电网监测和故障处理服务。通过应用该技术，电力公司可以提高电力供应的可靠性和稳定性，降低运维成本，满足不同用户的需求。

（二）技术挑战与解决方案

尽管配网线路行波故障定位技术具有诸多优势和应用前景，但也面临着一些技术挑战，例如，复杂电网环境下的信号干扰、传感器可靠性等问题。为了解决这些问题，可以采取以下措施：

① 加强信号处理技术研究。针对复杂的电网环境下的信号干扰问题，应加强信号处理技术的研究和应用。采用滤波器、降噪等技术手段可以提高信号的信噪比，从而提高故障定位的准确性。

② 保障传感器可靠性。为了保障传感器的可靠性，可以采用多种传感技术相结合的方式提高数据的准确性和稳定性。同时，定期对传感器进行校准和维护也是保障其可靠性的重要措施。

③ 建立完善的评价体系。针对配网线路行波故障定位技术的性能评价，应建立完善的评价体系。评价体系应包括准确性、实时性、稳定性等多个方面指标，以确保系统在实际应用中的性能表现。

④ 加强与科研院所的合作。为了推动配网线路行波故障定位技术的发展和应用，可以加强与科研院所的合作与交流。通过产学研合作模式，可以共同研究和开发新技术、新产品，加快科技成果的转化和应用。

⑤ 培养专业人才队伍。配网线路行波故障定位技术的发展和应用需要具备专业的技术人才队伍。应加大对专业人才的培养力度，建立完善的培训机制和技术交流平台，提高技术人员的专业素质和技术水平。

三、智能分布式馈线自动化技术发展前景

随着智能电网建设的不断推进，智能分布式馈线自动化终端（见图

9-11）在电力系统中扮演着越来越重要的角色。这种技术不仅可以提高电力供应的可靠性和稳定性，还可以降低运维成本，提高能源利用效率，发展前景良好。

1. 技术升级与优化

随着科技的不断进步，智能分布式馈线自动化终端的技术也在不断升级和优化。未来，这种技术将更加智能化、自动化和精细化。具体来说，以下几个方面将是其技术升级的重点：

图 9-11　智能分布式馈线自动化终端

① 传感器技术的升级。随着传感器技术的不断发展，智能分布式馈线自动化终端将采用更先进、更精确的传感器，以实现对电网运行状态更准确的监测和诊断。

② 通信技术的优化。为了提高智能分布式馈线自动化终端的通信效率和稳定性，未来将进一步优化通信技术，采用更高速、更稳定的通信协议和传输介质。

③ 人工智能技术的应用。人工智能技术在智能分布式馈线自动化终端中的应用将成为未来的发展趋势。通过利用深度学习、模式识别等技术，系统可以实现对电网故障的自动诊断和定位，提高故障处理效率。

2. 应用领域的扩展

智能分布式馈线自动化终端的应用领域将不断扩展。除了在城市电网、工业园区电网等传统领域的应用，这种技术还将逐渐渗透到智能家居、电动汽车等新兴领域。在这些领域中，智能分布式馈线自动化终端将发挥重要作用，为电力公司提供更优质的电网监测和故障处理服务。

3. 与物联网、云计算的融合

智能分布式馈线自动化终端将与物联网、云计算等技术进一步融合。通过与物联网的结合，可以实现电网设备的远程监控和管理，提高设备的运行效率和安全性。而与云计算的结合，则可以将大量的电网数据存储在云端，实现数据的集中管理和分析，为电力公司提供更准确、更全面的决策支持。

4. 安全性与可靠性提升

随着智能电网的发展，电力系统的安全性和可靠性将变得越来越重要。因此，未来智能分布式馈线自动化终端的发展将更加注重安全性和可靠性的提升。具体来说，以下几个方面将是其重点：

① 数据加密与隐私保护：采用更先进的数据加密技术和隐私保护措施，确保电网数据的安全性和保密性。

② 故障预警与自愈能力：通过建立完善的故障预警机制和自愈能力，减少电网故障的发生和影响范围，提高电力供应的稳定性和可靠性。

③ 容错技术与备份系统：采用更高效的容错技术和备份系统，确保智能分布式馈线自动化终端在故障情况下仍能保持正常运行，降低对整个电力系统的影响。

5. 降低成本与提高效率

为了更好地满足市场需求和推动电力行业的可持续发展，智能分布式馈线自动化终端将不断降低成本和提高效率。未来，以下几个方面将是其重点：

① 降低硬件成本：采用更低成本、更高效的硬件技术和材料，降低智能分布式馈线自动化终端的硬件成本。

② 提高能源利用效率：通过优化设计和采用更高效的能源管理技术，提高智能分布式馈线自动化终端的能源利用效率，降低能源消耗。

③ 简化运维流程：通过自动化和智能化技术的应用，简化智能分布式馈线自动化终端的运维流程，降低运维成本。

④ 提高工作效率：通过优化设计和自动化技术，提高智能分布式馈线自动化终端的工作效率，减少人工干预，降低错误率。